城市饮食
油烟污染及其控制概论

张 玓等 著

华南理工大学出版社
SOUTH CHINA UNIVERSITY OF TECHNOLOGY PRESS

·广州·

图书在版编目（CIP）数据

城市饮食油烟污染及其控制概论／张琤等著. —广州：华南理工大学出版社，2024.6（2024.9 重印）

ISBN 978 − 7 − 5623 − 7422 − 0

Ⅰ. ①城… Ⅱ. ①张… Ⅲ. ①厨房 − 烟气控制 − 概论 Ⅳ. ①X799.3

中国国家版本馆 CIP 数据核字（2023）第 217961 号

Chengshi Yinshi Youyan Wuran Ji Qi Kongzhi Gailun

城市饮食油烟污染及其控制概论

张琤　等著

出 版 人：柯　宁

出版发行：华南理工大学出版社

（广州五山华南理工大学 17 号楼，邮编 510640）

http：// hg. cb. scut. edu. cn　E-mail：scutc13@ scut. edu. cn

营销部电话：020 − 87113487　87111048（传真）

责任编辑：王昱靖　李巧云

责任校对：梁晓艾

印 刷 者：广州小明数码印刷有限公司

开　　本：787mm×1092mm　1/16　印张：10.5　字数：239 千

版　　次：2024 年 6 月第 1 版

印　　次：2024 年 9 月第 2 次印刷

定　　价：48.00 元

前　言

油烟，是指食物烹饪、加工过程中挥发的油脂、有机质及其加热分解或裂解的产物。从人类刀耕火种开始，油烟就与人类共存。过去，油烟不是环境问题，有烟火气的日子才叫生活。然而，进入 20 世纪以后，随着人类文明的发展，人们迫切向往品质生活，更加注重健康，作为环境污染物的油烟废气成为人类健康杀手，油烟问题被逐渐放大为社会热点之一。

20 世纪 80 年代起，在我国经济发达的城市中涌现餐饮商家与居民住宅交融混杂的繁华食街。进入 21 世纪，随着人们的环保意识不断增强，城市中关于饮食油烟的投诉占比逐年上升。2015 年，北京市饮食油烟投诉占大气污染投诉总量的 34%。2008 年，在广州市天河区环境保护局受理的群众投诉中，油烟污染投诉占比 61.97%。2021 年的中央第四环境保护督察组入驻广东省期间，共收到 6000 余条环境污染投诉，在污水处理、石化、非金属加工制造、垃圾处理、造纸及纸质品加工、建筑、纺织、印染等 28 个分类中，超 11% 的投诉与油烟污染相关，仅比噪声投诉低 3%。城市油烟污染问题，是长久以来困扰政府的民生难题。

油烟污染暴露了我国在油烟污染监控、净化技术和监管模式上的落后。无论是传统的手工监测方法，还是借助无线通信技术的自动在线监测方法，均存在一定的弊端。贴合民生需求、与人体健康关联的管理规定和技术标准规范，更是存在缺失。虽然近年来部分城市的大中型餐馆在厨房中均普及安装了不同类型的油烟净化装置，但净化装置的开机率和净化效率并不理想，而大部分中小城市的餐饮业油烟净化装置的安装率更低。目前的油烟治理技术和监管模式跟不上人民向往美好生活的步伐。

油烟突出问题的源头，除了油烟废气挥发性有机物治理技术存在瓶颈、治理成本较高外，还在于油烟排污前期餐馆的选址不够科学和合理，导致餐饮治理设施投入使用后的油烟监管、治理难度大，油烟及异味扰民事项频发。规模大小不一、种类繁多是餐饮业的一大特点，其场所依据人流、不同消费群体需要而分布，多位于闹市区的商业中心、人流密集地段，也有的位于居民生活区或商住楼内。此外，房地产开发商在没有完善排污排气装置，也没有得到规划建设部门批准的情况下，为了自身利益考虑而将住宅区一楼临街店铺租赁给中小型餐饮单位，商铺更替频率快，商人逐利为首，环保意识薄弱，使商铺楼上的住户受油烟侵害严重，因此纠纷投诉屡见不鲜。

城市的饮食油烟分为原生油烟和次生油烟。无论是何种油烟，其成分均包含数百种物质，主要以颗粒态和气态的形式形成颗粒大小不一的气溶胶存在于厨房、家庭起居室等环境，以及室外的大气环境中，其化学成分分为饱和烃类、不饱和烃类、苯系物、多环芳烃、杂环化合物、醛酮类等，其中不乏对人体有毒有害的丙烯醛、苯系物等致癌性物质。

本书共有八章。第一章，首次提出了原生油烟和次生油烟的概念，概述城市饮食油烟的来源、化学组分，以及在室内环境、大气环境、水环境、土壤等固体附着物中的污染情况（由广东省生态环境监测中心张琤、樊丽妃撰写）。第二章，介绍国内外城市饮食油烟的控排标准、监测方法及其质量控制措施，以及作者团队研制建立的油烟醛酮类物质检测技术（由广东省生态环境监测中心张琤、邱祖楠、廖菽欢撰写）。第三章，介绍实验室模拟发生、家庭厨房实地采集、餐馆实地采集三种不同实验场景下油烟样品的成分解析、数据分析，以及最终得出的研究结论（由广东省生态环境监测中心张琤、陈蓉，佛山市顺德区美的洗涤电器制造有限公司王春旭、蒋济武撰写）。第四章，分别介绍城市饮食油烟在大气环境、地下污水管网、土壤等固体附着物中的迁移转化过程（由广东省生态环境监测中心张琤、沈劲撰写）。第五章，介绍城市饮食油烟对人体造成的健康风险（由广东省生态环境监测中心陈蓉、张琤撰写）。第六章，介绍城市饮食油烟被生物吸入、吸收后所造成的生物效应和生态影响（由广东省生态环境监测中心张琤撰写）。第七章，介绍城市饮食油烟自动在线监控技术、平台运行及监控系统的前期安装和后期运维；引入作者团队研制开发的城市饮食油烟异味监测技术，以及基于投诉模型和"互联网＋"开发的智慧饮食油烟异味监控技术（由广州正虹环境科技有限公司谷育钢、杨蓉，广州城建职业学院邵铁武，广东省生态环境监测中心张琤、黄博珠，广东省广州生态环境监测中心站徐丽莉、张金谱撰写）。第八章，介绍国内外餐饮和居民的油烟净化情况，以及作者团队研制开发的居民楼油烟集中处理技术（由广州市环境技术中心谢玉蓉、广东省科学院测试分析研究所陈泽智、杭州老板电器股份有限公司费本开、佛山市科蓝环保科技股份有限公司尤毅、广东省生态环境监测中心张琤撰写）。

广东省固体废物和化学品环境中心向运荣为全书提供技术指导；广东省生态环境监测中心郑丽敏参与第二章中油烟醛酮类物质检测技术的开发，并提供大量研究数据；广东省生态环境监测中心潘燕华、唐跃城、李俊生、杜彬仰、韦立、袁海斌、彭家旺、李采鸿，与广东贝源检测技术股份有限公司梁婉琪、张丁良、黄振中参与第三章中饮食油烟化学组成的研究，并提供大量实验室、家庭、餐馆现场监测数据和实验室分析数据；安徽新媒正虹环境科技有限公司魏兴诗、广州正虹环境科技有限公司张书涛和李晓雷，参与第七章中城市饮食油烟自动在线监控技术的研发，并提供大量研究数据；广东省环境保护产业协会李鸿涛、王勤锋提供第七章、第八章的技术指导；杭州老板电器股份有限公司陈晓伟、佛山市科蓝环保科技股份有限公司莫妹兰为第八章提供技术应用的案例支持。

　　本书以作者近年来在城市饮食油烟研究方面的相关成果为基础，同时参考和总结国内外报道或综合文献资料的相关研究成果撰写而成。希望本书能让广大读者了解城市饮食油烟的基本情况、防治监测进展和未来研究发展方向，也希望本书的内容能够引起对城市饮食油烟研究感兴趣的科研人员、学生以及环境管理方面的专家的兴趣和探讨。由于作者水平有限，书中难免有疏漏之处，敬请广大读者批评指正。最后，感谢广东省生态环境监测中心、广州正虹环境科技有限公司和华南理工大学出版社为本书的顺利出版提供的支持。

目 录

第一章　城市饮食油烟及其环境污染概述

1.1　油烟与城市饮食油烟

"油烟"这个词，由"油"字和"烟"字组成。所谓"油"，即动植物体内所含的油脂或矿产的碳氢化合物的混合液体，一般不溶于水，容易燃烧；所谓"烟"，即物质燃烧时所生成的气体。"油"和"烟"两字组合有两种解释。第一种是指油类未完全燃烧所产生的黑色物质，其主要成分为碳，可以用来制墨、油墨等。明代陶宗仪的《辍耕录》卷二十九记载："宋熙丰间，张遇供御墨，用油烟入脑麝金箔，谓之龙香剂。"第二种解释，则意指烹饪或燃点油灯所产生的烟气。如沙汀的《法律外的航线》中有相关描述："那个瘦小的伙食老板，他的眼睛已经被长年的油烟弄眯睎了。""油烟子给人带来了喷嚏和眼泪。"20 世纪中晚期以来，"油烟"二字的含义偏向于后者，伴随工业进程，"油烟"两字的字面意思甚至还拓宽到工业领域。

21 世纪，根据产生领域来区分，"油烟"分为工业油烟和饮食油烟两种类别。工业油烟是工业润滑油在机器运行产热后所产生的油雾混合物，或是工业生产过程中所产生的颗粒性油气物质。而饮食油烟，我们对此并不陌生，它是一种在厨房和餐厅都非常容易接触的物质。饮食油烟的学术定义，是指食物烹饪、加工过程中挥发的有机质及其加热分解或裂解产物。无论是饮食油烟还是工业油烟，都对人体健康存在一定危害。

1.2　城市饮食油烟的来源、分布与归趋

城市饮食油烟，主要包括城市餐饮和居民厨房产生的油烟。

基于经济的发展，我国餐饮行业发展态势强劲。餐饮业作为服务业的重要组成部分，以其市场大、增长快、影响广、吸纳就业能力强的特点而备受重视。蓬勃发展的餐饮业，在为地方经济做出贡献的同时，也导致了不小的环境污染问题。在城市污染中，空气污染最为突出。而造成空气污染的几大因素中，餐饮行业所产生的饮食油烟污染占有一定比例。

除了餐饮行业排放大量的饮食油烟外，城市人口众多，一日三餐的厨房油烟也不容小觑。人们对食物的需求不再单一，烹饪方式及食材的多样化、饮食的多元化也会让每

一个家庭产生更多的油烟。中式烹饪方式包括蒸、煮、煎、炒、炸、卤、焖等，我国北方地区以爆、熘、炒、煎、炸等烹饪手段为主，烹饪过程特点表现为大火、高温，因此会产生大量的厨房油烟。

饮食油烟的形成主要有三种途径：①油和食物中的脂类物质在高温条件下氧化分解；②美拉德反应①；③上述反应物进行二次反应。城市饮食油烟的分布具有时空性。饮食油烟主要聚集在餐饮区和居民区附近，在空间分布上有一定的聚集性，随着外部环境气流扩散。城市饮食油烟的聚集与分布还具有时间性，油烟日均浓度跟三餐时间点、是否节假日相关。油烟浓度与不同季节的气象条件有关，相对于夏季，冬季大气具有温度低且干燥等特点，因而其对流活动等受到抑制，不利于油烟的扩散与稀释。排放源、地形地貌和气象条件、大气氧化性等因素均可影响油烟污染物的时空变化。

1.2.1 城市饮食油烟的原生来源

原生油烟，是指油和食物或油与物质一并处理，经高温瞬间发生一系列化学反应后蒸发到环境中的各种气态物质、气溶胶物质（粒径为 $0.01 \sim 10~\mu m$），尤指厨房环境或油烟排放口附近具有明显呛鼻异味的挥发性有机物②、PM_{10}（粒径为 $10~\mu m$ 以下的颗粒物），即原生油烟主要由粒径为 $10~\mu m$ 以下的微小油滴组成。

厨房是产生原生油烟的主要场所。烹饪高温使得食物内部及其表面的水分蒸发，随后在空气中遇冷凝结成雾，与烹饪油烟结合后形成肉眼可见的烟雾。目前，我国城市烹饪燃料以气体燃料为主，烹饪过程中产生一氧化碳（CO）、氮氧化物（NO_x）、挥发性有机物（VOCs）、多环芳烃化合物（PAHs）及颗粒物等污染物。厨房中烹饪所产生的油烟、有机物、油滴、细颗粒物等相互混合裹挟，经过积聚、上浮、扩散、凝结等一系列过程形成包含气、液、固三相的气溶胶。

原生油烟在厨房烹制食物的过程中产生，具体过程为：第一阶段，当烹制温度达到 $100~℃$ 时，烹制所采用的油料、食物及其中的水分出现汽化现象，小分子物质散发。第二阶段，随着温度持续升高，高沸点物质也出现汽化现象，此时出现一些能够被看见的油烟散发到空气中。经过检测发现，此时散发出的颗粒物的直径多为 $3 \sim 11~\mu m$。第三阶段，当温度进一步升高，油料和食物中的绝大多数大分子物质都出现汽化现象，并且反应极为剧烈，形成气溶胶。最后阶段，当气体离开锅体之后，随着环境温度的降低和湿

---

① 美拉德反应：含游离氨基的化合物和还原糖或羰基化合物在常温或加热时发生的聚合、缩合等反应，经过复杂的过程，最终生成棕色甚至是棕黑色的大分子物质类黑精（或称"拟黑素"），又被称为"羰胺反应"。

② 挥发性有机物：根据世界卫生组织（WHO）的定义，挥发性有机物（volatile organic compounds，VOCs）是在常温下沸点为 $50 \sim 260~℃$ 的各种有机化合物。在我国，VOCs 是指常温下饱和蒸气压大于 70 Pa、常压下沸点在 260 ℃ 以下的有机化合物，或在 20 ℃ 条件下蒸气压大于或者等于 10 Pa 且具有挥发性的全部有机化合物。

度的变化，逐渐形成由各种冷凝物构成的混合物——油烟。上述四个阶段进程中，食品中的水分在第一阶段最先形成雾，而后与油烟形成的油雾以及燃料热分解形成的烟尘混合，最终构成油烟雾。在 10 cm 距离，人类肉眼直接能观察的最小物体的粒径大小为 $10\sim50\ \mu m$，而油烟粒径一般在 10 μm 以下，因此油烟中的颗粒物既有可见的，也有难见的。

1.2.2　城市饮食油烟的次生来源

次生油烟，是指原生油烟中的气态物质、气溶胶物质在扩散过程中，与大气中的水蒸气、其他物质发生各种物理、化学反应，重新组合形成的异味物质，尤指离厨房一定距离的大厅或经净化处理后离油烟排放口一段距离的街道或居民区发出油烟异味的挥发性有机物、$PM_{2.5}$（粒径为 2.5 μm 以下的颗粒物）。可见，次生油烟是比原生油烟更加细小的物质或物质群。

餐饮的次生油烟弥漫消散在大气环境中，是中国城市大气 VOCs 的主要源头之一，对城镇居民身体健康有着不利影响。油烟废气中的醛类物质可散发臭气，还有 1,3 – 丁二烯、芳香烃等致癌物质。餐饮次生油烟 VOCs 中的含氧化合物和烯烃物质具有光化学活性，是大气臭氧和二次有机气溶胶的前体物。VOCs 与 NO_x 在太阳光紫外线作用下，发生光化学反应产生二次污染物——近地面的臭氧污染。臭氧是光化学烟雾的重要成分之一。研究发现，臭氧污染会直接导致人类的心血管疾病及呼吸道疾病等，还会损害植物生长，每年全球由臭氧污染导致的农作物损失高达 180 亿美元。

1.3　城市饮食油烟化学成分及其特性

城市饮食油烟的成分复杂多样，与食用油的种类、烹饪方式、食材、油烟处理设备等有关。油烟废气中除了二氧化碳、氮氧化物、硫化物和金属等无机物之外，还含有大量复杂的有机物，如含长短链的醛酮类、多环芳烃（PAHs）、苯系物等半挥发性有机物（SVOCs）和挥发性有机物（VOCs）。目前已发现的饮食油烟种类超过 300 种，主要由油脂和食物自身所带的脂质发生热氧化分解反应，食物中的蛋白质及碳水化合物等发生的化学反应，以及上述两类反应的中间产物和最终产物相互发生二次反应所产生。饮食油烟排放 VOCs 的浓度及组成很大程度上取决于食用油种类、烹饪食材、烹饪方式及燃料的选择。大多数 VOCs 具有令人不适的特殊气味，并具有毒性、刺激性、致畸性和致癌性，如苯、甲苯及甲醛等，会对人体健康造成巨大伤害。醛和 PAHs 这两类有机物分别是饮食油烟 VOCs 和 SVOCs 中最引人关注的种类。油烟中醛含量最高，PAHs 虽然含量低，但因其生殖毒害性、致癌性以及致突变性而成为油烟中最危险的成分。

VOCs 包含非甲烷烃类（烷烃、烯烃、炔烃、芳香烃等）、含氧有机物（醛、酮、醇、醚等）以及含氯、含氮、含硫有机物等。不同的国家、地区、组织对 VOCs 有不同的定义。美国 ASTM D3960 - 98 将 VOCs 定义为任何能参加大气光化学反应的有机化合物；欧盟旧版的溶剂指令 1999/13/EC 将 VOCs 定义为在 293.15 K 温度下蒸气压大于或等于 0.01 kPa 的所有有机化合物；德国 DIN 55649 - 2000 标准认为，在常温常压下，任何能自然挥发的有机液体和/或固体，一般都视为可挥发性有机化合物。测定 VOCs 含量时，又做了一个限定，即在通常压力条件下，沸点或初馏点低于或等于 250 ℃ 的任何有机化合物。

国外对饮食油烟 VOCs 的研究大部分集中在肉类的烹饪上。Rogge 等人对西式饮食油烟的研究表明，烤肉过程中排放的 VOCs 对城市大气二次有机气溶胶的形成有着较大的影响。Klein 等人对肉类在不同程度的油炸过程中排放的 VOCs 进行研究，发现排放中有机物的相对含量差别与使用的油品有关。Mottram 等人研究发现肉类在炖煮过程中会发生脂质的氧化反应、美拉德反应以及 Strecker 降解等一系列反应，从而产生大量的 VOCs，如烃类、醛酮类化合物、醇类及含硫化合物等。Schauer 等人对肉类烹饪过程的进一步研究表明，甲醛及乙醛是蒸煮肉类过程中排放的主要醛类化合物。

对醛酮类的研究表明，饮食油烟是城市大气环境中 $C_5 \sim C_{10}$ 大分子醛酮类化合物的主要来源之一，其贡献率与机动车尾气相近。菜籽油和色拉油的油烟中均含有醛类有机物 20 种，豆油和猪油含 17 种，其中有 15 种醛在这 4 种食油油烟中均存在，分别为 3 - 甲基 - 2 - 丁烯醛、己醛、2 - 己醛、更醛、2 - 庚烯醛、2,4 - 庚二烯醛、辛醛、2 - 辛烯醛、壬醛、2 - 壬烯醛、2,4 - 壬烷醛、癸醛、2 - 癸烯醛、2 - 十一烯醛、9,17 - 十八碳二烯醛。在以上 4 种食油油烟中，猪油中醛类含量最高，油烟总波谱图中峰面积比达 49.77%，其次为菜籽油和色拉油，分别为 40.98% 和 40.02%，豆油油烟中的醛类含量最低，波谱中峰面积比仅有 29.62%。

非甲烷总烃（non-methane hydrocarbons，NMHCs），在我国环境保护标准（HJ 604—2017）中被定义为从总烃测定结果中扣除甲烷后的剩余值；而总烃是指在规定条件下在气相色谱仪的氢火焰离子化检测器上产生响应的气态有机物总和。《大气污染物综合排放标准详解》中对 NMHCs 的定义是：除甲烷以外所有碳氢化合物的总称，主要包括烷烃、烯烃、芳香烃和含氧烃等组分。NMHCs 包括除甲烷以外的所有可挥发的碳氢化合物，主要是 $C_2 \sim C_{12}$ 的烃类物质，有较强的光化学活性，是形成光化学烟雾的前体物。其种类很多，其中排放量最大的是由自然界植物释放的萜烯类化合物，约占 NMHCs 总量的 65%，而其中最主要的是异戊二烯和单萜烯，它们会在城市和乡村大气中因光化学反应而形成光化学氧化剂和气溶胶粒子。

半挥发性有机物（semi-volatile organic compounds，SVOCs），是指沸点为 170 ~ 350 ℃（由于分类依据模糊，经常与挥发性有机物有交叉）、蒸汽压为 13.3 ~ 105 Pa 的有机物，部分 SVOCs 容易吸附在颗粒物上。SVOCs 主要包括二噁英类、多环芳烃、有机农药类、氯代苯类、多氯联苯类、吡啶类、喹啉类、硝基苯类、邻苯二甲酸酯类、亚硝基胺类、苯胺类、苯酚类、多氯萘类和多溴联苯类等化合物。这些有机化合物在环境空气中主要以气态或者气溶胶两种形态存在。SVOCs 具有沸点高、饱和蒸气压低、吸附性强等特点。

多环芳烃化合物（polycyclic aromatic hydrocarbons，PAHs）是指两个以上苯环以稠环形式相连的化合物，是具疏水性的一类致癌物质。PAHs 是一类列入由美国、加拿大和部分欧洲国家共 32 个国家共同签署的《关于长距离越境空气污染物公约》而没有列入《斯德哥尔摩公约》的持久性有机污染物（persistent organic pollutants，POPs）。环境中常见的 3 种取代多环芳烃，分别为羟基多环芳烃（OHPAHs）、硝基多环芳烃（NPAHs）和甲基多环芳烃（MPAHs），具有比母体 PAHs 更高的毒性。PAHs 共 100 多种，其中 16 种被美国国家环保局列为环境中优先控制的污染物。PAHs 主要的 18 种化合物为萘、苊烯、苊、芴、菲、蒽、荧蒽、芘、苯并(a)蒽、䓛、苯并（b）荧蒽、苯并（k）荧蒽、苯并（a）芘、茚并（1,2,3 - c,d）芘、二苯并（a,h）蒽、苯并（g,h,i）苝、1 - 甲基萘、2 - 甲基萘。PAHs 的来源有自然源和人为源两种。自然源主要是火山爆发、森林火灾和生物合成等自然因素所形成的污染。人为源包括各种矿物燃料（如煤、石油、天然气等）、木材、纸以及其他含碳氢化合物的不完全燃烧或在还原状态下热解而形成的有毒物质污染。食品中也含有一定量的多环芳烃，在食品的加工过程中，特别在烟熏、火烤或烘焦过程中产生的油脂热聚出苯并(a)芘，有人认为这是烤制食品中苯并(a)芘的主要来源。苯并芘可致胃癌、腺体癌、血癌等。按苯环的稠合位置不同而分类，苯并芘分为两种：常见的苯并(a)芘是片状结晶，CAS 号：50 - 32 - 8，熔点 178 ～ 179 ℃，有致癌性；苯并（e）芘是黄色结晶，CAS 号：192 - 97 - 2，熔点 179 ～ 179.3 ℃，有强致癌性，蛋白质、脂肪、碳水化合物等在烧焦时会产生这种致癌物，烹调食品时需要注意。油炸肉制品过程中产生大量的苯并芘，油炸不同种属的肉制品时，产生的苯并芘的量不同，其中以油炸猪肉时生成量最大；在油炸温度 200 ℃，油炸 10 min 时，猪五花肉中苯并芘生成量可达 174.352 μg/kg。而绿茶、大蒜、海带提取物都能够抑制油炸猪肉中苯并芘的产生，抑制率分别为 51.19%，43.86% 和 11.35%。在得肺癌而不吸烟的女性中，60% 长期接触厨房油烟，其中一半以上的女性喜欢用高温油烹调食物。在燃烧效能低的灶具上下厨所造成的伤害相当于每天吸食 2 包烟，全球每年约有 160 万人间接死于这种原因。此外，油料作物在炼制成油之前，若不当地晾晒在马路上，可能会使马路上沥青中的苯并芘进入油料作物中。同时，一些小的炼油厂进行的高温蒸炒等过程会使油脂中的有机物质生成苯并芘。

1.4　城市饮食油烟环境污染概述

1.4.1　室内环境中的城市饮食油烟污染

厨房是家的"心脏"，中国人尤其重视，厨房烟火气是温暖家庭的核心。然而，传统的烹饪方式及饮食习惯使得烹饪过程中产生大量的油烟，对人体健康产生极大的危害。

中国居民厨房油烟污染呈地域性特点：农村地区，人少地多，厨房空间足够大，楼间距较宽，通风好，烟囱排放或者抽油烟机的使用使得油烟扩散快，对人体伤害较小；城市地区，人多地少，住宅区密集，厨房面积较小，通风较差，加上墙体封密性好，厨具繁多，烹饪方式多样，主要靠排风扇或者抽油烟机排烟。因此，相较于农村，城市厨房的油烟污染较重。

1.4.2　大气环境中的城市饮食油烟污染

饮食油烟的成分复杂多样，从形态组成上看，主要包括颗粒物态和气态两类物质。一般来讲，粒径小于 10 μm 的颗粒物，又分为固、液两态。由于液体的黏度较大，将饮食油烟气、液、固三相物质紧密联系一起，形成油烟气溶胶，人类所见到的油烟其实正是这些油烟气溶胶。油烟粒径为 10 μm 以下的可吸入颗粒物（PM_{10}）形成油烟雾，可长时间悬浮于空气中，直接进入人体呼吸系统，影响人类健康。除了可见或难见的颗粒物外，还存在大量黏附于气溶胶表面或包裹于气溶胶内部的气态挥发性有机物，如脂肪酸、烷烃、烯烃、醛、酮、醇、酯、多环芳烃等。这些污染物直接排放到大气中，成为大气污染物，影响人类的健康。

餐饮源的油烟是大气颗粒物中有机物的重要来源。虽然大气颗粒物只是地球大气成分中含量很少的组分，但对环境的危害极大。轻者污染建筑物表面，影响市容，重者对能见度、温度等均产生重要影响。研究表明，颗粒物的粒径越小，其化学成分越复杂，毒性越大。因为小颗粒的比表面积大，更容易吸附一些对人体健康有害的重金属和有机物，并使这些有毒物质有更快的反应和溶解速度。PM_{10}是悬浮颗粒物中对环境和人体健康危害最大的一类。颗粒物通过对光的散射和吸收效应，降低城市的可见度，也给城市的交通安全带来隐患。

不少研究人员认为，城市中的雾霾与饮食油烟的排放也有一定的关系。饮食油烟中的烃类化合物被排放到空气中后，与氮氧化合物相遇，在特定条件下发生反应产生光化学烟雾，该反应发生需要紫外线作用。因此，大气层越受破坏的地方，城市大气环境越恶劣。

1.4.3　水环境中的城市饮食油烟污染

饮食油烟大部分进入空气，但仍有小部分粘附在排气管道上，如烟囱、抽油烟机等。在清洗油烟管道或抽油烟机时，油烟污染物随之进入水体。同时，空气中的油烟污染也可伴随降雨进入水体中，造成水体不同程度的油烟污染。此外，还有小部分未经处理的油烟被非法排入地下管网。这些污水中的油脂类物质进入生态系统，慢慢破坏水体的生态平衡。由于油脂上浮到水面，形成大片油膜，造成阳光、氧气等与水体相隔离，水中的氧气难以得到补充。粒径较小的油脂颗粒通过呼吸进入水生动物体内并粘附在其呼吸道上，从而抑制呼吸（如使鱼类的腮部被油脂等污物粘住），导致水生动物群落的病变直至死亡。倘若这种情况不加以有效制止，在很短的时间内水体的水质将逐渐变黑变臭，最终变成死水，既严重影响自然景观，降低水体附近居民的生活质量，又破坏自然水体的生态平衡，降低了水资源的可利用度。

1.4.4 土壤等固体附着物中的城市饮食油烟污染

导致土壤被饮食油烟污染的途径主要有两种：一种是灌溉了被油烟污染的水体；另一种则是被油烟污染的大气通过降雨被洗刷沉降进入土壤环境。被油烟污染的土壤富含各种有机物，农田种植的作物通过富集作用，使得这些有机物被食物链吸收，影响动物的生长发育及健康，甚至影响人类健康。此外，这些被油烟污染的土壤也会影响微生物的种群及数量，从而对整个生态系统产生一定的影响。油烟除了通过土壤吸附外，还可通过一些植物叶片的粘附，进入植物体内，影响植物的生长，同样最终影响人类健康。

参考文献

［1］陈晓阳，江亿. 湿度独立控制空调系统的工程实践［J］. 暖通空调，2004，34（11）：103 – 109.

［2］XIAO F, GE G M, NIU X F. Control performance of a dedicated outdoor air system adopting liquid desic-cant dehumidification［J］. Applied Energy, 2011, 88（1）：143 – 149.

［3］王秀艳，高爽，周家岐，等. 饮食油烟中挥发性有机物风险评估［J］. 环境科学研究，2012，25（12）：1359 – 1363.

［4］郭悦嵩，邢昱，秦红伟，等. 大气臭氧污染机制分析［J］. 环境与发展，2017，29（5）：110 – 111.

［5］徐幽琼，YU I T S，林捷，等. 不同食用油和烹调方式的油烟成分分析［J］. 中国卫生检验杂志，2012，22（10）：2271 – 2274.

［6］王凯雄，朱杏冬. 烹调油烟气的成分及其分析方法［J］. 上海环境科学，1999，18（11）：526 – 528.

［7］杨伯瑜. 饮食油烟污染分析及处治技术探讨［J］. 科技论坛，2020（22）：183 – 184.

［8］KLEIN F, PLATT S M, FARREN N J, et al. Characterization of gas-phase organics using proton transfer reaction time-of-flight mass spectrometry：cooking emissions［J］. Environmental Science & Technology, 2016, 50（3）：1243 – 1250.

［9］KLEIN F, FARREN N J, BOZZETTI C, et al. Indoor terpene emissions from cooking with herbs and pepper and their secondary organic aerosol production potential［J］. Scientific Reports, 2016（6）：36623.

［10］梁衍魁. 餐饮业烹调油烟气的组成与危害及净化方法探讨［J］. 能源与环境，2004（1）：43 – 44.

［11］KABIR E, KIM K H. An investigation on hazardous and odorous pollutant emission during cooking activi-ties［J］. J Hazard Mater, 2011, 188（1）：443 – 454.

［12］MOTTRAM D S. Flavour formation in meat and meat products：a review［J］. Food Chem, 1998, 62（4）：415 – 424.

［13］SCHAUER J J, KLEEMAN M J, CASS G R, et al. Measurement of emissions from air pollution sources. 1. C1 through C29 organic compounds from meat charbroiling［J］. Environscitechnol, 1999, 33（10）：1566 – 1577.

[14] 廖雷,钱公望.烹调油烟的危害及其污染治理 [J].桂林工学院学报,2003,23 (4):463 - 468.

[15] 冯艳丽,黄娟,文晟,等.餐馆排放油烟气中羰基化合物浓度及分布特征 [J].环境科学与技术,2008,31 (2):66 - 68.

[16] 国家环境保护局科技标准司.大气污染物综合排放标准详解(环境标准实施指南丛书) [M].北京:中国环境科学出版社,1997.

[17] 高丽云,郭肖利,李潇,等.2,3,7,8 - 四氯二苯并二噁英诱导腭裂发生中相关信号通路的作用研究进展 [J].新乡医学院学报,2020,37 (1):1 - 4.

[18] 廖鼎,龙子,海春旭,等.2,3,7,8 - 四氯二苯并二噁英染毒或联合高脂饮食致小鼠糖脂代谢紊乱的实验研究 [J].癌变·畸变·突变,2019,31 (2):111 - 118.

[19] KNECHT A L, GOODALE B C, TRUONG L, et al. Comparative developmental toxicity of environmentallyrele vant oxygenated PAHs [J]. Toxicology and applied pharmacology, 2013, 271 (2): 266 - 275.

[20] HATZIANESTIS I, PARINOS C, BOULOUBASSI I, et al. Polycyclic aromatic hydrocarbons in surface sediments of the Aegean Sea [J]. Marine Pollution Bulletin, 2020, 153 (25): 53 - 60.

[21] 毕可海,张玉莹,孙玉奉,等.油炸肉制品中苯并芘生成条件及其调控 [J].食品工业,2020,41 (12):201 - 205.

[22] 王黎.苯并芘,厨房里的隐形杀手 [J].大众健康,2019 (3):110 - 111.

[23] 李梅芳.民居厨房油烟扩散及控制技术研究 [D].衡阳:南华大学,2010.

[24] 陈根宝.厨房油烟气中特征污染物的分析研究 [D].杭州:浙江工业大学,2009.

[25] 禹蒙.中式烹饪厨房细颗粒物散发特性及人员健康风险评估 [D].沈阳:沈阳建筑大学,2020.

[26] 王桂霞.北京市餐饮源排放大气颗粒物中有机物的污染特征研究 [D].北京:中国地质大学,2013.

第二章　城市饮食油烟的控排技术标准及监测方法

2.1　国内外城市饮食油烟控排技术标准

2.1.1　国外城市饮食油烟控排技术标准

相比于中国餐饮业，欧美发达国家餐饮业更多地采用水煮、蒸、低温烹煮、凉拌等方式，因此污染程度较低。国外对油烟污染的控制指标主要是油烟浓度，排放标准以消防控制为主，要求厨房设备能确保防灾及安全。

2.1.1.1　欧美国家饮食油烟控排技术标准

纵观欧美地区的发达国家，并没有针对餐饮业污染排放的相关国家排放标准。欧美各国中，仅美国针对饮食油烟的控制出台了相关标准。1990年美国立法通过《商业烹饪设备油烟去除装置设置标准》，1991年2月8日生效。明确管辖对象为商业营利用烹饪设备（不含住宅厨房），管制重点以安全、防火为主，管制方式是制定设备规范使从业者遵循，但并未指明大气污染物排放标准。加利福尼亚州南部海岸空气质量管理部门研究出美国第一套有关饮食油烟中颗粒物和挥发性有机物的测试方法，并推行美国第一部有关控制餐饮业油烟排放的地方性标准——《餐饮业排放控制》（Rule 1138. Control of emissions from Restaurant Operations［S］. South Coast Air Quality Management Distriet, 1997.）。随后，马里科帕县也效仿加利福尼亚州南岸的做法，为餐饮业控制油烟排放制定出类似的标准（Maricopa County Rule 356. Control of Emissions from Restaurant Operations ［S］. South Coast Air Quality Management Distret, 2003）。2017年，欧盟通过商用厨房通风标准（EN－016282），限定餐厅厨房安装安全性能和节能要求更高的厨房油烟净化系统。

2.1.1.2　亚洲国家饮食油烟控排技术标准

与欧美油烟净化技术路线不同的是，日本采用特种陶瓷滤料治理厨房油烟，同时通过消防法规加强饮食油烟排放管理，如1993年东京消防厅制定了《业务用厨房设备附属油烟去除装置技术基准》，开展油烟去除装置性能检查。此外，日本环境省制定了《饮食业恶臭控制导则》，用来指导饮食业恶臭排放。由于韩国人做菜很少放油，腌制蔬菜是其饮食文化的特色，一般只有烤肉涉及油烟排放，所以韩国餐饮业排放的油烟中，大部分是水蒸气，韩国人将大量的"水烟"收集成液体排放，以减少对空气的污染。韩国政府允许没有超标的油烟排放到大气中，但严控大型饭店的油烟废气，要求先用油烟分离设备将油烟凝固，再由专门制造厂回收加工成工业原料。

2.1.2 我国城市饮食油烟排放标准

2.1.2.1 国内现行饮食油烟排放标准

2000年，我国环境保护总局试行第一部关于餐馆油烟排放的标准《饮食业油烟排放标准（试行）》（GWPB5—2000）；2001年颁布，2002年1月1日开始实施《饮食业油烟排放标准》（GB 18483—2001）。此后，随着环保力度的不断加大，中国各地政府陆续出台适合当地的饮食业油烟排放标准，对油烟、非甲烷总烃、臭气浓度的最高排放浓度都做了限定。

2006年1月，山东省环境保护局和质量技术监督局联合颁布《饮食业油烟排放标准》（DB 37/597—2006）。该标准在GB 18483—2001的基础上针对不同规模的餐饮服务单位规定了油烟的最高允许排放浓度、臭气浓度限值，以及油烟净化设备的最低去除效率，并对排气筒出口周围20 m半径范围内有高于排气筒出口的易受影响的建筑物的情况规定了更加严格的特别排放限值。

2009年9月，海南省质量技术监督局发布《海滨酒店、餐饮店污水油烟排放标准》（DB 46/163—2009）。该标准规定了不同类型海滨酒店、餐饮店油烟最高允许排放浓度和净化设施最低去除效率。

2014年11月，上海市环境保护局和上海市质量技术监督局联合发布《餐饮业油烟排放标准》（DB 31/844—2014）。该标准规定了油烟、臭气最高允许排放浓度。

2016年7月，天津市环境保护局、天津市市场和质量监督管理委员会联合发布《餐饮业油烟排放标准》（DB 12/644—2016）。该标准对油烟最高允许排放浓度进行了控制。

2017年7月，深圳市市场监督管理局发布《饮食业油烟排放控制规范》（SZDB/Z 254—2017）。该标准规定了餐饮服务单位油烟、非甲烷总烃、臭气的最高允许排放浓度，以及油烟净化设施的最低去除效率。

2018年1月，北京市环境保护局和北京市质量技术监督局发布《餐饮业大气污染物排放标准》（DB 11/1488—2018）。该标准规定了餐饮服务单位分时段的油烟、颗粒物和非甲烷总烃最高允许排放限值，不同规模餐饮服务单位应执行的污染物去除效率。

2018年1月，重庆市环境保护局和重庆市质量技术监督局发布《餐饮业大气污染物排放标准》（DB 50/859—2018）。该标准规定了重点控制区域和一般控制区域的大气污染物中油烟、非甲烷总烃、臭气的最高允许排放浓度，以及净化设备的油烟、非甲烷总烃去除效率参考值。

2018年6月，河南省质量技术监督局发布《餐饮业油烟污染物排放标准》（DB 41/1604—2018）。该标准规定了餐饮业油烟和非甲烷总烃浓度排放限值，以及净化设备的油烟去除效率限值。

2021 年 2 月，昆明市市场监督管理局发布《餐饮业油烟污染排放要求》（DB 5301/T 50—2021）。该标准规定了不同类型餐饮业油烟、非甲烷总烃最高浓度排放限值。

我国的港澳台地区比较重视整体的通风效果和净化设备的净化效率。2000 年，中国台湾发布《饮食业空气污染物管制规范及排放标准》，规定餐饮场所应设置针对油烟污染物的集排气系统；符合管制要求的餐饮场所所使用的油烟净化设施的去除率要达到 90% 以上；优先推荐采用静电式的油烟净化器控制油烟污染，并对设备的性能与维护作了具体要求。2009 年，中国香港发布《饮食业的环保法例要求》，规定厨房排放的废气中不得有肉眼可见的油烟，且废气不得对临近地区造成气味污染。2009 年，中国澳门发布《餐饮业及同类场所油烟、黑烟和异味污染控制指引》，规定油烟排放的最高限值为 1.5 mg/m³，油烟净化器的去除效率需超过 90%。中国澳门还发布了《关于餐饮业场所加装油烟处理设备与设置烟囱等的建议技术规范》，规定油烟净化器的去除效率必须达到 90%；组合式油烟净化器的去除效率需超过 95%；油烟排放的最终浓度需小于 1.5 mg/m³。

综上，我国的港澳台地区以及山东、上海、天津、深圳、北京、河南和重庆等地均已根据当地情况制定相关的地方排放标准。我国的港澳台地区侧重通风及去除效率；内地各省市一般借鉴原国家标准，在去除效率要求外增加了排放污染物的浓度限值要求（表 2 - 1）。

表 2 - 1　我国部分地区现行油烟、非甲烷总烃、臭气浓度排放标准

序号	地区	标准代号	最高允许排放浓度									净化设施最低去除效率（单位:%）		
			油烟（单位: mg/m³）			非甲烷总烃（单位:mg/m³）			臭气浓度（无量纲）		颗粒物（单位: mg/m³）			
			大型	中型	小型	大型	中型	小型	现有	新建		大型	中型	小型
1	山东省	DB 37/597—2006	0.8	1	1	8	10	10	70	70	—	—	—	—
2	海南省	DB 46/163—2009	2	2	2	—	—	—	—	—	—	85	75	65
3	上海市	DB 31/844—2014	1	1	1	—	—	—	60	60	—	—	—	—
4	天津市	DB 12/644—2016	1	1	1	—	—	—	—	—	—	—	—	—
5	深圳市	SZDB/Z 254—2017	1	1	1	10	10	10	500	500	—	90	90	90
6	北京市	DB 11/1488—2018	1	1	1	—	—	—	—	—	5	—	—	—
7	重庆市	DB 50/859—2018	1	1	1	10	10	10	120	80	—	—	—	—
8	河南省	DB 41/1604—2018	1	1	1.5	—	—	—	—	—	—	95	90	90
9	昆明市	DB 5301/T 50—2021	1	1	1	10	10	8	—	—	—	—	—	—
10	中国台湾	—										90	90	90
11	中国香港	—												
12	中国澳门	—	1.5	1.5	1.5							90	90	90

2.1.2.2 挥发性有机物限制标准

油烟组成物质中，挥发性有机物占比较高。然而，专门针对油烟污染物中挥发性有机物的相关指导性和限制性的标准，无论是国家标准还是行业标准、团体标准，目前国内尚无相关资料支持。现有的关于环境中挥发性有机物的限制标准主要针对化工、制药、家具、涂料、印刷等工厂企业的废气（表2-2、表2-3）。

表2-2　我国现行挥发性有机物排放标准

标准号	标准名称	发布单位	发布时间
DB 11/1201—2015	印刷业挥发性有机物排放标准	北京市质量技术监督局	2015/7/1
DB 13/2208—2015	青霉素类制药挥发性有机物和恶臭特征污染物排放标准	河北省环境保护厅	2015/7/21
DB 21/3160—2019	工业涂装工序挥发性有机物排放标准	辽宁省市场监督管理局	2019/12/30
DB 21/3161—2019	印刷业挥发性有机物排放标准	辽宁省市场监督管理局	2019/12/30
DB 32/2862—2016	表面涂装（汽车制造业）挥发性有机物排放标准	江苏省质量技术监督局	2016/2/1
DB 3301/T 0277—2018	重点工业企业挥发性有机物排放标准	杭州市市场监督管理局	2019/1/30
DB 35/1782—2018	工业企业挥发性有机物排放标准	福建省质量技术监督局	2018/9/1
DB 35/1783—2018	工业涂装工序挥发性有机物排放标准	福建省质量技术监督局	2018/9/1
DB 35/1784—2018	印刷行业挥发性有机物排放标准	福建省质量技术监督局	2018/9/1
DB 36/1101.1—2019	挥发性有机物排放标准　第1部分：印刷业	江西省市场监督管理局	2019/9/1
DB 36/1101.2—2019	挥发性有机物排放标准　第2部分：有机化工行业	江西省市场监督管理局	2019/9/1
DB 36/1101.3—2019	挥发性有机物排放标准　第3部分：医药制造业	江西省市场监督管理局	2019/9/1
DB 36/1101.4—2019	挥发性有机物排放标准　第4部分：塑料制品业	江西省市场监督管理局	2019/9/1
DB 36/1101.5—2019	挥发性有机物排放标准　第5部分：汽车制造业	江西省市场监督管理局	2019/9/1
DB 36/1101.6—2019	挥发性有机物排放标准　第6部分：家具制造业	江西省市场监督管理局	2019/9/1
DB 37/2801.1—2016	挥发性有机物排放标准　第1部分：汽车制造业	山东省环境保护厅	2017/1/1

续表

标准号	标准名称	发布单位	发布时间
DB 37/2801.2—2019	挥发性有机物排放标准 第2部分：铝型材工业	山东省生态环境厅	2019/9/7
DB 37/2801.3—2017	挥发性有机物排放标准 第3部分：家具制造业	山东省环境保护厅	2017/9/3
DB 37/2801.4—2017	挥发性有机物排放标准 第4部分：印刷业	山东省环境保护厅	2018/6/7
DB 37/2801.5—2018	挥发性有机物排放标准 第5部分：表面涂装行业	山东省环境保护厅	2018/10/23
DB 37/2801.6—2018	挥发性有机物排放标准 第6部分：有机化工行业	山东省环境保护厅	2018/10/23
DB 37/2801.7—2019	挥发性有机物排放标准 第7部分：其他行业	山东省生态环境厅	2019/9/7
DB 37/3161—2018	有机化工企业污水处理厂（站）挥发性有机物及恶臭污染物排放标准	山东省环境保护厅	2018/10/23
DB 41/1951—2020	工业涂装工序挥发性有机物排放标准	河南省市场监督管理局	2020/6/1
DB 41/1956—2020	印刷工业挥发性有机物排放标准	河南省市场监督管理局	2020/6/1
DB 42/1538—2019	湖北省印刷行业挥发性有机物排放标准	湖北省市场监督管理局	2020/7/1
DB 43/1355—2017	湖南省家具制造行业挥发性有机物排放标准	湖南省质量技术监督局	2018/1/1
DB 43/1356—2017	表面涂装（汽车制造及维修）挥发性有机物、镍排放标准	湖南省质量技术监督局	2018/1/1
DB 43/1357—2017	印刷业挥发性有机物排放标准	湖南省质量技术监督局	2018/1/1
DB 44/T 1837—2016	集装箱制造业挥发性有机物排放标准	广东省质量技术监督局	2016/7/1
DB 51/2377—2017	四川省固定污染源大气挥发性有机物排放标准	四川省质量技术监督局	2017/8/1
DB 32/T 3500—2019	涂料中挥发性有机物限量	江苏省市场监督管理局	2019/1/30
T/CNFA 3—2017	家具部件及室内装饰装修材料挥发性有机物释放限量	—	—
T/CNFA 4—2017	办公家具挥发性有机物释放限量	—	—

表 2 - 3　我国国家和地方废气中醛酮类化合物的标准限值

单位：mg/m³

标准名称及编号	地区		污染物项目					
			甲醛	乙醛	丙烯醛	丙酮	2 - 丁酮	异佛尔酮
《石油化学工业污染物排放标准》（GB 31571—2015）	大气污染物排放限值	—	5	50	3	100	100	50
《合成树脂工业污染物排放标准》（GB 31572—2015）	大气污染物排放限值/大气污染物特别排放限值	—	5	50	—	—	—	—
《大气污染物综合排放标准》（GB 16297—1996）	现有污染源　最高允许排放浓度	—	30	150	20	—	—	—
	新污染源　最高允许排放浓度	—	25	125	16	—	—	—
《大气污染物排放限值》（DB 44/27—2001）	最高允许排放浓度	广东	25	125	16	—	—	—
《大气污染物综合排放标准》（DB 11/501—2007）	最高允许排放浓度	北京	20	20	16	—	—	—
《大气污染物综合排放标准》（DB 31/933—2015）	最高允许排放浓度	上海	5	20	16	80	80	80
《大气污染物综合排放标准》（DB 50/418—2016）	最高允许排放浓度	重庆	25	125	16	—	—	—
《化学工业挥发性有机物排放标准》（DB 32/3151—2016）	最高允许排放浓度	江苏	10	20	10	40	—	—
《挥发性有机物排放标准 第6部分：有机化学行业》（DB 37/2801.6—2018）	排放限值	山东	5	20	3	50	50	50
《化学合成类制药工业大气污染物排放标准》（DB 33/2015—2016）	大气污染物排放限值	浙江	1.0	20	2.0	40	—	—
	大气污染物特别排放限值		1.0	20	2.0	20	—	—

2.1.2.3　油烟异味限制标准

油烟废气的主要物质成分包括颗粒物（PM）、挥发性有机物（VOCs）、二氧化碳、一氧化碳、碳氢化合物、氮氧化物、硫氧化物等。除了硫氧化物、氮氧化物等无机物外，大量的 VOCs 是异味的主要来源。挥发性有机物的化学组分多样、复杂，大体分为烃类物质和含氧有机物，并以苯系物、烷烯烃和酮类为主，特征物质有甲苯、二甲苯、乙苯、丙酮、丙烯等。

目前国家层面上暂无专门针对油烟异味的限制标准，全国仅三地有异味相关标准（臭气浓度）：深圳市市场监督管理局发布的《饮食业油烟排放控制规范》（SZDB/Z 254—2017）对现有和新建饮食业单位臭气浓度规定限值为 500（无量纲）；《上海市餐饮业油烟排放标准》（DB 31/844—2014）要求餐饮服务企业产生特殊气味并对周边环境敏感目标造成影响时，臭气浓度不得超过 60（无量纲）；《重庆市餐饮业大气污染物排放标准》（DB 50/859—2018）要求，新建和现有餐饮单位排放的臭气浓度分别不得超过 80（无量纲）和 120（无量纲）。

2.2　国内外城市饮食油烟监测标准方法

2.2.1　国外城市饮食油烟监测标准方法

目前，欧美国家的环境主管部门对饮食油烟的监管指标主要停留在颗粒物和 VOCs 上，监管集中体现在对油烟净化设施以及消防设施的强制安装方面。具体见 2.1.1 小节内容。

2.2.2　我国城市饮食油烟监测标准方法

与排放标准对应，我国国家和地方标准主要针对油烟浓度的现场监测和实验分析进行了规定。《饮食业油烟排放标准》（GB 18483—2001）及各省市地方标准既规定了我国现行的有关油烟浓度的排放标准，也规定了油烟监测方法，且各标准的监测方法基本相同。

2.2.2.1　油烟浓度监测方法

我国油烟监测方法，依据《饮食业油烟排放标准》（GB 18483—2001）及《固定污染源废气 油烟和油雾的测定 红外分光光度法》（HJ 1077—2019）执行。该两种标准规定使用油烟滤筒采集油烟样品，送回实验室采用红外分光光度法进行定量分析。油烟采样布点、频次、采样工况遵循《饮食业油烟排放标准（试行）》（GB 18483—2001）、《固定污染源排气中颗粒物测定与气态污染物采样方法》（GB/T 16157—1996）、《固定源废气监测技术规范》（HJ/T 397—2007）和其他相关标准的要求。油烟浓度分析按标准《固定污染源废气油烟和油雾的测定 红外分光光度法》（HJ 1077—2019）进行。

2.2.2.2　油烟异味监测方法

随着油烟异味投诉日益增加，以及环境管理精细化，我国对饮食油烟的监管不再仅停留在油烟浓度这个指标上，开始逐渐关注油烟异味。在油烟异味监测方面，目前国内尚无相关的技术标准或规范。跟异味较为接近的术语为"恶臭"，根据百度百科词条解释，恶臭指所有刺激人体嗅觉器官、引起不愉快以及损坏生活环境的气体物质，可以理解为异味源头物质。环境恶臭的监测方法分为人工和仪器两种。人工方法，即采用人工采集、人工嗅辨的方式。仪器方法，即通过现场监测设备实现现场采集和现场快速分析，如采用传感器原理的电子鼻设备。环境监测有关于恶臭监测的相关规定，因此，油烟异味监测可参考环境恶臭监测的相关要求（表2-4、表2-5）。

表2-4　发达国家和地区恶臭相关监测方法标准

国家或地区	标准名称
中国台湾	《异味污染物官能测定法——三点比较式嗅袋法》（环署检字第0970087754号公告）
欧洲	*Air quality—Determination of odour concentration by dynamic olfactometry*（BS EN13725：2003）
澳大利亚、新西兰	*Stationary source emissions—Determination of odour concentration by dynamic olfactometry*（AS/NZS 4323.3：2001）
中国香港	参照 *Air quality—Determination of odour concentration by dynamic olfactometry*（BS EN13725：2003）
美国	参照 *Air quality—Determination of odour concentration by dynamic olfactometry*（BS EN13725：2003）

表2-5　我国恶臭监测相关标准和技术规范

标准号	标准名称	发布单位
GB 14554—1993	《恶臭污染物排放标准》	国家技术监督局
HJ 1262—2022	《环境空气和废气 臭气的测定 三点比较式臭袋法》	生态环境部
HJ 583—2010	《环境空气 苯系物的测定 固体吸附/热脱附-气相色谱法》	环境保护部
HJ 1042—2019	《环境空气和废气 三甲胺的测定 溶液吸收-顶空/气相色谱法》	环境保护部
—	《环空气和废气监测分析方法》（第四版增补版）（2003年）	国家环境保护总局
GB/T 4678—1993	《空气质量 硫化氢、甲硫醇、甲硫醚和二甲二硫的测定 气相色谱法》	国家环境保护总局
GB/T 14680—1993	《空气质量 二硫化碳的测定 二乙胺分光光度法》	国家环境保护总局
HJ 534—2009	《环境空气 氨的测定 次氯酸钠-水杨酸分光光度法》	环境保护部
HJ 905—2017	《恶臭污染环境监测技术规范》	环境保护部

2.2.2.3 油烟挥发性有机物监测方法

1. 油烟挥发性有机物的通用监测方法

油烟异味产生的来源主要是挥发性和半挥发性的物质。这些有机物的监测可通过现场人工采集，再经实验室精密仪器分析。通常使用的仪器主要有气相色谱仪（GC）、气相色谱/质谱联用仪（GC/MS）、高效液相色谱仪（HPLC）、紫外－可见光分光光度计等。

目前，国内外针对环境挥发性有机物的检测方法主要集中在环境空气和固定污染源废气方面（表2-6）。

表2-6 我国现行环境空气和行业废气挥发性有机物的检测标准

类别	标准名称及编号	发布单位
环境空气	环境空气挥发性有机物的测定被动采样/热脱附/气相色谱－质谱法（DB 21/T 3071—2018）	辽宁省市场监督管理局
	空气和废气 总挥发性有机物（TVOC）的测定冷冻浓缩/气相色谱－质谱法（DB 35/T 1746—2018）	福建省质量技术监督局
	环境空气 挥发性有机物连续监测 气相色谱－氢火焰离子化检测器/质谱检测器联用法（DB 37/T 4078—2020）	山东省市场监督管理局
	环境空气挥发性有机物气相色谱连续监测系统技术要求及检测方法（HJ 1010—2018）	生态环境部
	环境空气和废气 挥发性有机物组分便携式傅里叶红外监测仪技术要求及检测方法（HJ 1011—2018）	生态环境部
	环境空气 挥发性有机物的测定 吸附管采样－热脱附/气相色谱－质谱法（HJ 644—2013）	环境保护部
	环境空气 挥发性有机物的测定 罐采样/气相色谱－质谱法（HJ 759—2015）	环境保护部
	环境空气 挥发性有机物的测定 便携式傅里叶红外仪法（HJ 919—2017）	环境保护部
	空气中挥发性有机物在线气相色谱仪（JB/T 12963—2016）	工业和信息化部
	大气中挥发性有机物测定采样罐采样和气相色谱/质谱联用分析法（QX/T 218—2013）	中国气象局
	车内挥发性有机物和醛酮类物质采样测定方法（HJ/T 400—2007）	环境保护部
	环境空气挥发性有机物气相色谱连续监测系统技术要求及检测方法（HJ 1010—2018）	生态环境部

类别	标准名称及编号	发布单位
废气	环境空气和废气 挥发性有机物组分便携式傅里叶红外监测仪技术要求及检测方法（HJ 1011—2018）	生态环境部
	实验室挥发性有机物污染防治技术规范（DB 11/T 1736—2020）	北京市市场监督管理局
	空气和废气 总挥发性有机物（TVOC）的测定冷冻浓缩/气相色谱－质谱法（DB 35/T 1746—2018）	福建省质量技术监督局
	环境空气和废气 挥发性有机物组分便携式傅里叶红外监测仪技术要求及检测方法（HJ 1011—2018）	生态环境部
	固定污染源废气 挥发性有机物的采样 气袋法（HJ 732—2014）	环境保护部
	固定污染源废气 挥发性有机物的测定 固相吸附－热脱附/气相色谱－质谱法（HJ 734—2014）	环境保护部
	固定污染源 挥发性有机物排放连续自动监测系统 光离子化检测器（PID）法技术要求（DB 44/T 1947—2016）	广东省质量技术监督局
	固定污染源废气挥发性有机物监测技术规范（DB 11/T 1484—2017）	北京市质量技术监督局
	工业涂装工序挥发性有机物污染防治技术规范（DB 41/T 1946—2020）	河南省市场监督管理局

2．油烟中醛酮类物质监测方法

1）非油烟的醛酮类物质监测方法

油烟挥发性有机物中含有大量的醛酮类物质。目前，国内外尚无专门针对油烟中醛酮类物质的相关标准或技术规范，仅有针对环境空气和废气的醛酮类物质监测方法（表2-7、表2-8）。

表2-7　我国空气和废气中醛酮类化合物的测定方法对比（一）

标准号	HJ/T 400—2007	HJ 683—2014	HJ 734—2014	HJ 1154—2020
方法名称	车内挥发性有机物和醛酮类物质采样测定方法	环境空气 醛、酮类化合物的测定 高效液相色谱法	固定污染源废气 挥发性有机物的测定 固相吸附-热脱附/气相色谱-质谱法	环境空气 醛、酮类化合物的测定 溶液吸收-高效液相色谱法
待测组分	甲醛、乙醛、丙烯醛、丙酮、丙醛、丁烯醛、甲基丙烯醛、丁酮、丁醛、苯甲醛、戊醛、间甲基苯甲醛、环己酮和己醛等14种醛、酮类化合物	环境空气中甲醛、乙醛、丙烯醛、丙酮、丙醛、丁烯醛、2-丁酮、甲基丙烯醛、正丁醛、苯甲醛、戊醛、间甲基苯甲醛和己醛等13种醛、酮类化合物	丙酮、苯甲醛	甲醛、乙醛、丙烯醛、丙酮、丙醛、2-丁酮、正丁醛、异戊醛、正戊醛、正己醛、邻甲基苯甲醛、对甲基苯甲醛和2,5-二甲苯甲醛
方法原理	使用填充了涂渍DNPH硅胶的采样管，采集一定体积的车内空气样品，样品中的醛酮组分在采样中，醛酮组分在强酸催化作用下与涂渍于硅胶上的DNPH反应，生成稳定的醛酮类衍生物，用高效液相色谱仪的紫外或二极管阵列检测器检测	使用填充了涂渍DNPH的采样管，采集一定体积的空气样品，样品中的醛酮类化合物经强酸催化与涂渍于硅胶上的DNPH反应，生成稳定的腙类衍生物，经乙腈洗脱后，用高效液相色谱仪的紫外或二极管阵列检测器检测	使用填充了合适吸附剂的吸附管直接采集污染源废气中的挥发性有机物（或先用气袋采集后再将气袋中的气体采集到固体吸附管中），将吸附管置于热脱附仪中进行二级热脱附，脱附气体经气相色谱分离后用质谱检测。根据保留时间、质谱图或特征离子定性，用内标法或外标法定量	环境空气和无组织排放监控点空气中的醛、酮类化合物在酸性介质中与吸收液中的2,4-二硝基苯肼（DNPH）发生衍生化反应，生成2,4-二硝基苯腙类化合物，用二氯甲烷-正己烷混合溶剂或二氯甲烷萃取，浓缩，更换溶剂为乙腈，经高效液相色谱分离，紫外或二极管阵列检测器检测。根据保留时间定性，用外标法定量

标准号	HJ/T 400—2007	HJ 683—2014	HJ 734—2014	HJ 1154—2020
采样方法	采样流量为 100～500 mL/min，采样时间为 30 min	采样流量为 0.2～1.0 L/min，采样体积为 5～100 L	采样流量为 20～50 mL/min，每个样品至少采气 300 mL	采样流量为 0.3～0.5 L/min，连续采样 1 h，总采样量不超过 80 L
方法性能指标	—	采样体积为 0.05 m³ 时，检出限为 0.28～1.69μg/m³，加标回收率为 98.6%～101%	当采样体积为 300 mL 时，丙酮检出限为 0.007 mg/m³，苯甲醛检出限为 0.01 mg/m³，丙酮加标回收率为 78%～118%，苯甲醛加标回收率为 96%～115%	当试样定容体积为 2.0 mL，进样量为 10 μL 时，醛、酮类化合物的最低检出量为 0.024～0.060 μg。当采样体积为 20 L（标准状态下）时，检出限为 0.002～0.003 mg/m³，测定下限为 0.008～0.012 mg/m³

表 2-8　我国空气和废气中醛酮类化合物的测定方法对比（二）

标准号	GB/T 15516—1995	GB/T 16129—1995	HJ/T 35—1999	HJ/T 36—1999	GB/T 18204.26—2000
方法名称	空气质量 甲醛的测定 乙酰丙酮分光光度法	居住区大气中甲醛卫生检验标准方法	固定污染源排气中乙醛的测定 气相色谱法	固定污染源排气中丙烯醛的测定 气相色谱法	公共场所空气中甲醛的测定方法
方法原理	甲醛气体经水吸收后，在 pH=6 的乙酸-乙酸铵缓冲溶液中，与乙酰丙酮作用，迅速生成稳定的黄色化合物，在波长 431 nm 处测定	空气中甲醛与 4-氨基-3-联氨-5-巯基-1,2,4-三氮杂茂（AHMT），在碱性溶液中生成 6-巯基-5-三氮茂[4,3-b]-S-四氮杂苯紫红色化合物，其颜色深浅与甲醛含量成正比	用亚硫酸氢钠溶液采样，乙醛与亚硫酸氢钠发生亲核加成反应，在中性溶液中生成的 α-羟基磺酸盐，然后在碱性溶液中失热释放出乙醛，经色谱柱分离，用氢火焰离子化检测器测定	丙烯醛直接进入色谱柱中，与其他物质分离后，用氢火焰离子化检测器测定	方法 1：酚试剂分光光度法。空气中的甲醛与酚试剂反应生成嗪，嗪在酸性溶液中被高铁离子氧化形成蓝绿色溶液，根据颜色深浅，比色定量。方法 2：气相色谱法。空气中甲醛在酸性条件下吸附在涂有 2,4-DNPH 的 6201 担体上，形成稳定的甲醛腙。用二硫化碳洗脱后，经 OV 色谱柱分离，用氢焰离子化检测器测定
采样方法	用一个内装 20 mL 吸收液的多孔玻板吸收管，以 0.5~1.0 L/min 的流量，采气 5~20 min	用一个内装 5 mL 吸收液的多孔玻板吸收管，以 0.3~0.5 L/min 的流量采样 20 L	有组织排放：用一个内装 5 mL 10 g/L NaHSO$_3$ 溶液的多孔玻板吸收管，以 0.3~0.5 L/min 的流量采样。无组织排放：用一个内装 5 mL 10 g/L NaHSO$_3$ 溶液的多孔玻板吸收管，以 1.0 L/min 的流量采样 100 L 以上	用 100 mL 全玻璃注射器采样	方法 1：用一个大型起泡吸收管，采气 10 L。方法 2：用一个内装 5 mL 酚试剂吸收液，以 0.5 L/min 的流量，抽气 50 L
方法性能指标	测定范围 0.5~800 mg/m^3（采样体积 0.5~10.0 L）。回收率 95.3%~104.2%	测定范围 0.01~0.16 mg/m^3（采样体积 20 L）。回收率 93%~99%	检出限 4×10^{-2} mg/m^3（采样体积 100 L）。回收率 92.0%~103%	检出限 0.1 mg/m^3	方法 1：测定范围 0.01~0.15 mg/m^3（采样体积 10 L）。回收率 93%~101%。方法 2：检出限 4 μg/m^3（采样体积 50 L）

2）油烟醛酮类物质检测技术研究

本书编委组成研究团队，开展油烟醛酮类物质检测方法的建立工作。对单醛和混合醛与2,4-二硝基苯肼的反应条件进行优化，建立一种线性关系良好、线性范围宽、检出限低、准确度和精密度高的餐馆油烟中微量醛酮类化合物的测定方法，并应用于实际饮食油烟分析。

（1）实验要求

①仪器、材料与试剂

仪器和材料：空气采样器（流量范围为0.1～1 L/min）、烟气采样器（采样流量为0.1～1 L/min，采样管为硬质玻璃或氟树脂材质，应具备加热和保温功能，加热温度≥120 ℃）、干燥管（或缓冲管，内装变色硅胶或玻璃棉）、棕色多孔玻板吸收管（10 mL）、气泡吸收瓶（75 mL）、聚四氟乙烯管（或玻璃管，内径6～7 mm）、分光光度计（配3 cm光程比色皿）、具塞比色管（10 mL）、恒温水浴锅（温度误差±2 ℃）。

标准品：农残级醛酮类溶液。

试剂：2,4-二硝基苯肼、纯度大于95%的无醛乙醇溶液、浓盐酸、KOH溶液。

②实验条件

往10 mL具塞比色管中加入3 mL无醛乙醇，分别加入20 μL 5 mmol/L醛、1000 μL 5 mmol/L、2,4-二硝基苯肼和45 μL浓盐酸，摇匀，水浴60 ℃加热30 min后，冰浴2 min，加入2.0 mL 60 g/L KOH（使用乙醇与水的体积比为3∶2的溶剂溶解）溶液（溶解有机相，提供显色的碱性环境），显色约5 min后加入无醛乙醇定容至10 mL，摇匀，过滤，取滤液于1 cm的石英比色皿中，在200～800 nm范围内测定其紫外可见吸收光谱。

（2）实验测定

①各类单醛的测定

往10 mL具塞比色管中加入3 mL无醛乙醇，然后分别加入20 μL 5 mmol/L 13种不同的醛类化合物（3-甲基丁烯醛、己醛、庚烯醛、庚二烯醛、辛醛、辛烯醛、壬醛、壬烯醛、壬二烯醛、癸醛、癸烯醛、十一烯醛、庚醛）、1000 μL 5 mmol/L 2,4-二硝基苯肼和45.00 μL浓盐酸，摇匀，其余步骤同（1）②。

②混合醛的测定

等物质的量条件下：往10 mL具塞比色管中加入3 mL无醛乙醇，然后分别加入5.0 μL、10 μL、15 μL、20 μL、25 μL、30 μL 5 mmol/L混合醛（不同醛等比例混合），对应加入250 μL、500 μL、750 μL、1000 μL、1250 μL、1500 μL 5 mmol/L 2,4-二硝基苯肼和11.25 μL、22.50 μL、33.75 μL、45.00 μL、56.25 μL、67.50 μL浓盐酸，摇匀，水浴60 ℃加热30 min后，冰浴2 min，加入0.5 mL、1.0 mL、1.5 mL、2.0 mL、2.5 mL、3.0 mL 60 g/L KOH（使用乙醇与水的体积比为3∶2的溶液溶解）溶液，显色约5 min后加入无醛乙醇定容至10 mL，其余步骤同（1）②。

非等物质的量条件下：往 10 mL 具塞比色管中加入 3 mL 无醛乙醇，然后分别加入 5.0 μL、10 μL、15 μL、20 μL、25 μL、30 μL 5 mmol/L 混合醛（不同醛随意不等比例混合），以及 1000 μL 5 mmol/L 2,4 - 二硝基苯肼和 45 μL 浓盐酸，摇匀，其余步骤同（1）②。

（3）结果与讨论

①反应条件的优化（以庚醛为模型化合物）

a. 反应温度及反应时间的影响

固定其他条件分别为 $V_{醛}:V_{肼}=1:20$（醛浓度为 10 μmol/L）、加热时间 30 min、浓盐酸 30 μL、KOH 溶液 2 mL，显色 5 min 后用无醛乙醇定容至 10 mL。结果显示，吸光度随着温度的升高而逐渐增大。考虑到部分醛酮类化合物的沸点较低，温度过高会造成挥发损失，本实验选用 60 ℃ 为最佳反应温度。

固定其他条件分别为 $V_{醛}:V_{肼}=1:20$（醛浓度为 10 μmol/L）、加热温度 60 ℃、浓盐酸 30 μL、KOH 溶液 2 mL，显色 5 min 后用无醛乙醇定容至 10 mL，考察了加热 60 ℃ 条件下的反应时间（0～50 min）对体系吸光度的影响。结果显示，随着时间增加，吸光度越来越大，40 min 时吸光度达到最高值。但由于反应 30 min 时产生的吸光度与 40 min 相差不大，综合考虑选用 30 min 为最佳反应时间。

b. 酸的用量

确定其他反应条件分别为 $V_{醛}:V_{肼}=1:20$（醛浓度为 10 μmol/L）、加热温度 60 ℃、加热时间 30 min、KOH 溶液 2 mL，显色 5 min 后用无醛乙醇定容到 10 mL，当浓盐酸的量由 0 增加到 50 μL 时，随着浓盐酸量的增加，反应物吸光度逐渐增大，说明浓盐酸的加入对反应有着明显的促进作用。当浓盐酸的量为 40 μL 时，吸光度达到最大值，继续增加酸量，吸光度保持平稳。为了保证混合醛的测定，选用 45 μL 进行反应以达到最优效果。

c. 庚醛与 2,4 - 二硝基苯肼的物质的量配比

本方法的核心在于醛酮与 2,4 - 二硝基苯肼的反应配比。本实验固定庚醛的物质的量不变，只改变加入 2,4 - 二硝基苯肼的物质的量，由此得到庚醛与 2,4 - 二硝基苯肼配比对 2,4 - 二硝基苯肼比色法的影响。确定其他反应条件分别为浓盐酸 45 μL、加热温度 60 ℃、加热时间 30 min、KOH 溶液 2 mL，显色 5 min 后用无醛乙醇定容到 10 mL，随着 2,4 - 二硝基苯肼的增加，吸光度越来越大，这是因为此反应是一个可逆反应，增加肼的物质的量会使反应正向移动。当肼与醛的物质的量倍数超过 45 倍时，吸光度基本平稳，本实验以可以测定到醛浓度的最大值的醛与肼的物质的量比（1：50）为标准确定肼的用量。

d. 碱的用量

苯腙化合物只有在较强的碱性条件下才会产生红色或酒红色的显色物质，本实验在其他反应条件相同的情况下，考察了不同体积（0 mL、0.5 mL、1.0 mL、1.5 mL、

2.0 mL、3.0 mL、4.0 mL）的 60 g/L KOH 溶液对体系吸光度的影响。结果显示，随着 KOH 体积的增大，体系的吸光度也随之增大。当 KOH 溶液加入量超过 1.5 mL 后，吸光度值几乎保持平稳。本方法最终选用 2.0 mL KOH 溶液为最佳显色条件。

因为饮食油烟中醛酮类化合物成分复杂，所以为了满足不同种类醛酮类化合物的分析要求，本实验将 13 种醛类化合物混合并进行分析，以判断 2,4-二硝基苯肼比色法在饮食油烟分析中的可行性。

3. 混合醛的测定

1）不同种类单醛的检测

分别取 13 种不同的醛（3-甲基丁烯醛、己醛、庚烯醛、庚二烯醛、辛醛、辛烯醛、壬醛、壬烯醛、壬二烯醛、癸醛、癸烯醛、十一烯醛、庚醛），用优化后的条件分别测试其在 200～800 nm 处的吸光度。结果显示不同醛的最大吸收波长均为 405～430 nm，吸光度为 0.75～0.88，其中庚二烯醛的吸光度值最小。由此可推断出，在混合醛的测定中，波长为 300～800 nm 时不会出现多个吸收峰，且等物质的量下每种醛对混合醛的吸光度贡献基本相同。

为了验证上述 13 种不同的醛本身是否对显色产生影响，在体系无肼的条件下以同样的实验方法得到吸收光谱。结果显示，13 种醛在波长为 300～800 nm 时无任何吸收峰，醛本身不会带来吸光度干扰。

2）混合醛的检测

分别取以 13 种醛等比例和随意不等比例两种方式混合的混合醛 5 μL、10 μL、15 μL、20 μL、25 μL、30 μL。

按照上述的优化条件进行实验。选取有醛和无醛吸光度差异最大处（500 nm、510 nm、520 nm）绘制线性曲线。实验中 3 个波长均呈现较好的线性，特别是不等比例混合醛，3 个波长处线性系数均高于 0.990，满足快速检测的定量要求，且实际分析工作中油烟多为不等比例混合的状态，为以后油烟中醛酮类的快速测量提供了可能。

从 13 种醛等比例和不等比例混合的两种混合醛的吸收光谱图中可发现，不论是哪种混合方式，随着醛浓度的增大，吸光度都在增大，无醛的肼空白也一直在增大，且均成梯度增加。两种反应在相同浓度下的吸光度有一定差异，但去除肼空白后的净吸光度相差不大，所以得到的线性斜率和截距相差均较小，故后续实验选用 510 nm 为待测波长，此时两种混合醛均在浓度为 2.5～15 μmol/L 时有较好线性。

3）混合醛与 2,4-二硝基苯肼的物质的量的等比例变化

表 2-9　等比例变化实验物料用量

	1	2	3	4	5	6	7	8	9	10	11	12
混合醛/μL	5	10	15	20	25	30	0	0	0	0	0	0

续表

	1	2	3	4	5	6	7	8	9	10	11	12
肼/μL	250	500	750	1000	1250	1500	250	500	750	1000	1250	1500
浓盐酸/μL	11.25	22.50	33.75	45.00	56.25	67.50	11.25	22.50	33.75	45.00	56.25	67.50
氢氧化钾溶液/mL	0.5	1	1.5	2	2.5	3	0.5	1	1.5	2	2.5	3

使用浓度均为 5 mmol/L 的混合醛（3 - 甲基丁烯醛、己醛、庚烯醛、庚二烯醛、辛醛、辛烯醛、壬醛、壬烯醛、壬二烯醛、癸醛、癸烯醛、十一烯醛、庚醛以等比例和随意不等比例两种方式混合）和 2,4 - 二硝基苯肼，保持混合醛与 2,4 - 二硝基苯肼的体积比为 1：50，用表 2 - 9 的物料用量进行实验。选取有醛和无醛吸光度差异最大处（500 nm、510 nm、520 nm）计算混合醛的线性，3 个波长均呈现较好的线性，特别是不等比例混合醛，3 个波长处线性系数均高于 0.990，满足快速检测的定量要求，考虑到实际分析工作中油烟多为不等比例混合的状态，这为以后油烟中醛酮类的快速测量提供了可能。

从两种由 13 种醛等比例和不等比例混合的两种混合醛的吸收光谱图中可发现，不论是哪种混合方式，随着醛浓度的增大，吸光度都在增大，无醛的肼空白也一直在增大，且均呈梯度增加。两种反应在相同浓度下的吸光度有一定差异，但去除空白后的净吸光度相差不大，所以得到的线性斜率和截距相差均较小，故后续实验选用 510 nm 为待测波长，此时两种混合醛均在浓度为 2.5～15 μmol/L 时有较好线性。

4）基准物质醛、酮的确定

上述建立的分析条件是在浓盐酸环境中进行，但在实际使用甲醛绘制曲线时发现，曲线的线性一直不稳定，r 值很难达到 0.999 以上，且显色后，溶液很快变浑浊。从方法原理出发，改用实验室较常见的丙酮替代醛类。通过使用 0、0.075 mg/L、0.150 mg/L、0.225 mg/L、0.300 mg/L、0.375 mg/L、0.450 mg/L 的丙酮溶液建立曲线，得到很好的线性关系。

5）实际油烟样品的检测

对广州市海珠区某烧烤店进行实际样品采集，采用 75% 的乙醇溶液，对烧烤废气采用 0.3 L/min，采集 30 min，3 根 50 mL 吸收管串联。在同一工作时段同时采集 3 组样品，常规分析后取 10 mL 吸收液加入 29 μL 100 mg/L 丙酮标准物质继续进行加标回收的测试，所得结果如表 2 - 10 所示。样品经过 6 次重复性测试，得到回收率大于 80%，相对标准偏差小于 5.0%，结果满意，表明该方法可用于实际样品的分析。

表 2 - 10　实际油烟样品中醛酮类含量及其加标回收率的测定

样品编号	原始浓度 /(mmol·L⁻¹)	增加标准浓度 /(mmol·L⁻¹)	实测浓度 /(mmol·L⁻¹)	平均浓度 /(mmol·L⁻¹)	回收率 /%	相对标准偏差 /%
1	0.0040	0.0050	0.0082	0.0082	84.0	4.5
2	0.0040	0.0050	0.0080	0.0080	80.0	4.6
3	0.0039	0.0050	0.0081	0.0081	84.0	4.7

4. 小结

该项研究通过对庚醛与 2,4 - 二硝基苯肼的反应进行优化，得到最优的反应条件，并应用于 13 种不同醛的测试，得到最大吸收波长均为 405 ~ 430 nm，吸光度为 0.75 ~ 0.88。同时证明了其本身对显色反应并无影响。在建立曲线的线性实验中发现，酮类更适合用作基准物质。在模拟实际样品分析过程中，对等物质的量和不等物质的量混合的 13 种不同的醛进行两种检测方式分析。混合醛等比与不等比混合的多种混合醛的线性范围均为 2.5 ~ 15 μmol/L。对 3 个实际样品进行分析，得到回收率均大于 80%，相对标准偏差均小于 5.0%。

综上所述，本研究建立了一种既适用于实验室又适用于现场的，快捷、准确的新型油烟中醛酮类物质的检测方法。

2.3　全国各地饮食业油烟管道清洗的政策规范

为切实汲取火灾事故教训，规范人员密集场所的消防安全管理，遏制群死群伤火灾事故的发生，应急管理部及各省市均制定了消防安全管理规定，防止火灾发生、减少火灾危害，保障人身和财产安全的目标。

应急管理部

国家标准《人员密集场所消防安全管理》（GB/T 40248—2021）规定：宾馆、餐饮场所、医院、学校的厨房烟道应至少每季度清洗一次。

北京

《北京市餐饮经营单位安全生产规定》第二十五条：餐饮经营单位操作间的集烟罩和烟道入口处 1 米范围内，应当每日进行清洗。中餐操作间的排油烟管道应当每 60 日至少清理 1 次，清理应当做好记录。

《北京市火灾高危单位消防安全管理规定》第十条：火灾高危单位中的餐厅、食堂其厨房操作间区域要按照有关规范要求设置灶台自动灭火装置。厨房操作间的排油烟管道每 60 日要至少清理 1 次，并做好记录备查。

天津

《天津市高层建筑消防安全管理规定》第二十条：高层建筑内宾馆、酒店、餐饮场所的经营者应当至少每季度对集烟罩、排油烟管道等设施进行一次检查、清洗或者保养，并做好记录，保留2年备查。

重庆

《重庆市高层建筑消防安全管理规定》第三十七条第二款：宾馆、餐饮场所的经营者至少每季度对厨房烟道、燃气管道进行一次检查、清洗和保养。

山东

《山东省高层建筑消防安全管理规定》第十八条规定，高层建筑内用火管理应当符合下列要求：（四）宾馆、餐饮场所的炉火、烟道等设施与可燃物之间应当采取防火隔热措施，每季度至少对厨房排油烟管道进行一次检查、清洗和保养，建立检查和清洗记录。

《山东省火灾高危单位消防安全管理规定》第三十一条指出，火灾高危单位应当遵守下列规定：（一）设有厨房的火灾高危单位至少每半年清理1次厨房烟道。

《青岛市高层建筑消防安全管理办法》第三十一条：高层建筑内的宾馆饭店、餐饮场所的炉火、烟道等设施与可燃物之间必须采取防火隔热措施，该场所经营者每季度至少对厨房排油烟管道进行一次清理。

《淄博市消防条例》第三十四条指出，人员密集场所应当遵守下列规定：（五）厨房油气烟道应每月至少清理一次，确保消防安全。

江苏

《江苏省高层建筑消防安全管理规定》第三十九条：高层建筑内的厨房排油烟管道应当定期进行检查、清洗，宾馆、餐饮场所的经营者应当对厨房排油烟管道每季度至少进行1次检查、清洗和保养。

《苏州市消防条例》第二十五条第二款：对人员密集场所内的厨房排油烟设施、集烟罩等设备应当经常进行安全检查，每月至少清洗一次，并做好相关记录。

《无锡市消防条例》第三十五条：人员密集场所的厨房烟道、燃油管道应当每季度检查清洗一次，并做好记录。

《徐州市消防条例》第十七条：人员密集场所的烹饪操作间排油烟设施、集烟罩等设备应当定期进行消防安全检查，每月至少清洗一次，并做好记录。

云南

《云南省单位消防安全管理规定》第十三条：（四）对厨房烟道每季度至少进行一次检查、清洗，对厨房燃油、燃气管道定期进行检查、检测和保养，在炉火、烟道等设施与可燃物之间采取防火隔热措施。

《昆明市消防条例》第二十六条指出，人员密集场所的消防安全应当符合下列规定：（四）对厨房排油烟设施、集烟罩、灶具等设备经常进行安全检查，每月至少清洗一次。

内蒙古

《内蒙古自治区火灾高危单位消防安全管理规定》第十四条指出，火灾高危单位日常消防安全管理应当遵守下列规定：（四）设有厨房的火灾高危单位至少每半年清理一次厨房烟道。

新疆

《新疆维吾尔自治区高层建筑消防安全管理规定》第二十六条：高层建筑内宾馆、饭店、餐饮场所的厨房应当安置灭火设备，炉火、烟道等设施与可燃物之间采取防火隔热措施，每三个月至少对厨房排油烟管道进行一次检查、清洗和保养。

辽宁

《沈阳市高层建筑消防安全管理规定》第二十三条指出，高层建筑内用火管理应当符合下列要求：（四）宾馆、餐饮场所的炉火、烟道等设施与可燃物之间采取防火隔热措施，每季度对厨房排油烟管道进行一次检查、清洗和保养，建立检查和清洗记录。

江西

《南昌市消防条例》第二十五条第二款：人员密集场所内的厨房排油烟设施、集烟罩等设备应当定期进行安全检查，每季度至少清洗一次，并做好相关记录。

贵州

《贵阳市消防安全管理办法》第二十九条指出，商业服务网点和营业性餐饮服务、公共娱乐、生产加工等小场所，应当遵守下列规定：（二）厨房烟道、燃油管道应当每季度检查、清洗一次，并做好检查、清洗记录。

福建

《福州市消防管理若干规定》第十条第二款：餐饮服务场所的经营者应当每季度对烹饪操作间集烟罩、排油烟管道等集排油烟设施和燃气管道进行检查、清洗和保养，并建立台账。

安徽

《淮南市消防条例》第三十三条第二款：人员密集的室内场所的厨房排油烟设施、集烟罩等设备应当经常进行安全检查，每季度至少清洗一次，并做好记录。

青海

《西宁市消防条例》第二十八条第三款：人员密集场所的厨房烟道、燃油管道应当每季度检查清洗一次，并做好记录。

广东

《广东省消防工作若干规定》（粤府令第 282 号）第三十二条：建筑面积大于 1000

平方米的餐饮服务场所，其烹饪操作间的排油烟罩及烹饪部位应当设置自动灭火装置，并在燃气或者燃油管道上设置紧急事故自动切断装置。餐饮服务场所的经营者应当至少每季度对烹饪操作间集烟罩、排油烟管道等集排油烟设施和燃气管道进行检查、清洗、保养，并建立台账。

海南

《海口市消防条例》第四十一条指出，餐饮场所的经营者应当遵守下列消防安全规定：（二）操作间集烟罩和烟道入口处应当每日进行清洗；（三）每季度对烟道、燃气管道至少进行一次全面检查和清理，检查、清理情况应当做好记录并存档备查。

2.4　城市饮食油烟手工监测的质量保证与控制

为了保证采集样品的代表性、可靠性、准确性，在样品采集环节、运输环节、保存环节、分析环节均应做好全过程的质量控制。

2.4.1　油烟采集的质量保证与控制

在样品采集、运输和保存环节，应注意以下几点：

（1）现场勘查。要保证采集油烟样品的代表性，采样前期准备工作非常重要。采样负责人要对现场进行勘查，了解油烟处理设施的运行及净化原理、油烟排放周期、监测位置等，然后制订监测方案。

（2）采样器材的准备。采样所用仪器除了在出厂时应张贴出厂合格证，通过环保产品或计量器具型式批准等认证，还应在一定周期内通过计量部门合格检定/校准并在有效期内使用，同时，采样前进行流量计校核（标定），测试时保证采样流量。采样人员需持证上岗。采样滤筒的材质应按照标准规定，使用前进行清洗检测，油烟浓度含量小于方法检出限方可使用。

（3）核实企业定时清理油烟净化设施。大多数餐馆都安装了油烟净化设备进行油烟环保排污处理，除了每日正常运行费用，还少不了每年定期的维护，涉及维护费用，部分小型餐饮业为降低开支成本，不经常运行油烟环保净化设备，油烟在营业的过程中长期积累，就会导致管道上堆积大量油污，在清理的过程中，热气流将设备和管道上存在的油污向外排出时，可能会导致净化设备处理不到位，出口的油烟浓度相对较高。如果排放的浓度不达标，会导致出口的浓度比进口的浓度高。很多企业的排烟管道没有密封，油烟跑、冒、滴、漏现象严重，导致无法收集排出的全部油烟，从而无法获得准确的数据。因此，为避免这种现象发生，样品采集人员应核实企业油烟净化设备的定期清理执行情况。

（4）采样工况。样品采集一般选在油烟排放单位作业（炒菜、食品加工或其他产生油烟的操作）高峰期进行。采样时需有专人在厨房核实实际在用的灶头数，同时记录灶头数量、排气罩的罩面面积等信息。如果采样时未记录到真实工况，会造成监测结果的偏低。

（5）采样位置。按《固定污染源排气中颗粒物测定与气态污染物采样方法》（GB/T 16157—1996）有关规定，应优先选择在垂直管段采样。应避开烟道弯头和截面急剧变化部位。采样位置应设置在距弯头、变径管下游方向不小于 3 倍直径处和距上述部件上游方向不小于 1.5 倍直径处。对矩形烟道，其当量直径计算公式为 $D = 2AB/(A + B)$，式中 A、B 为边长。

（6）采样时间和频次。按照《饮食行业油烟排放标准（试行）》（GB 18483—2001），采样时间应在油烟排放单位正常作业期间，采样次数为连续采样 5 次，每次 10 min。

（7）样品保存。样品采集后立即装入专用的聚四氟乙烯瓶内密封保存。样品若不能在采集现场 24 小时内完成分析，应冷链运输至实验室冷藏（≤4 ℃），保存期不得超过 7 天。

2.4.2　油烟浓度分析测定质量保证与控制

1. 样品测试前

（1）保证油烟浓度分析测试用仪器设备与玻璃器具的准确性和清洁度。同现场监测的仪器设备，实验室分析测试用的仪器设备和玻璃器皿在出厂时应张贴出厂合格证，通过环保产品或计量器具型式批准等认证，还应在一定周期内通过计量部门合格检定/校准并在有效期内使用。此外，按照油烟分析采用的分析标准《固定污染源废气 油烟和油雾的测定 红外分光光度法》（HJ 1077—219），所用的玻璃器皿还应在测试前进行清洗：采用稀酸或洗涤剂对比色皿、比色管、滴管、移液管等分析器具浸泡后用纯水清洗、晾干，最后选择按分析标准检验合格的四氯乙烯清洗所有的玻璃器皿，采样滤筒用合格的四氯乙烯超声洗涤后用纯水清洗、烘干或在 400 ℃下灼烧 1 h 去除油污，最后清洁度应满足分析标准中实验室空白浓度低于方法检出限的要求。

（2）线性检验。每季度至少测定 3 个浓度点的标准溶液进行校正系数的线性检验，仪器校正系数测定标准物质时偏差在 10% 以内，否则应重新设置校正系数。

（3）采样滤筒的准备。采样滤筒的材质应按照标准规定，使用前经过清洗检测，油烟浓度含量小于方法检出限方可使用。

（4）萃取液的准备。测试用的萃取液四氯乙烯的纯度要求较高，可通过蒸馏进行提纯。在分析测试前，四氯乙烯试剂应按分析方法的规定进行检验，检验合格方可使用。配制标准溶液、试样和空白的四氯乙烯宜使用同一批四氯乙烯。

（5）样品进行脱水前处理的试剂准备。采得的油烟样品若含有水分，会造成仪器对应波长扫描结果严重偏高导致失真，为了不影响测量结果，应在样品测试前使用无水硫酸钠对被测样品进行脱水。个别无水硫酸钠含油量较高，处理合格后方能使用，可使用检验合格的四氯乙烯冲洗无水硫酸钠，将无水硫酸钠置于马弗炉在 550 ℃下灼烧 4 h，在干燥器中放至室温后置于磨口瓶中备用。

2. 样品测试中

（1）正确使用红外分光测油仪。目前我国自行研发的红外分光测油仪，具有测量速度快、操作简便和选择性强的特点，但也存在仪器在使用过程中易发生满度漂移的不足之处，尤其在测定低浓度的样品时，影响会更大，所以在油烟浓度测定过程中，要注意不断修正满度，从而保证测定结果的准确性。

（2）测试每批样品时应带有有证标准物质。

（3）测试过程中，测完高浓度油烟样品后，应将比色皿等玻璃器皿用四氯乙烯清洗干净，增加空白样品试验，若结果未达到小于方法检出限的要求，则证明器皿有残留，再次清洗干净后方可进行下一个样品测试。

2.4.3 油烟自动在线监测系统质量控制

目前，关于油烟自动在线监测系统的质量控制和保证措施仍未有相关文件、文献资料及技术规范标准提供支持。为保证仪器设备的正常运行，保证数据的可靠性，在油烟自动在线监测系统生命周期的生产和运行环节，均应有相应的质量控制手段，但是不同于实验室精密的仪器设备，油烟自动在线监测系统的质量控制手段集中在产品出厂前阶段。作为仪器设备，油烟自动在线监测系统在提供给客户使用前，一般有如下几个措施保证产品质量。

1. 3Q 仪器验证

油烟自动在线监测系统作为一套完整的仪器设备，应开展仪器设备验证，其验证方案至少包含 3 部分：IQ（installation qualification）——安装确认，确认仪器文件、部件及安装过程；OQ（operational qualification）——运行确认，确认仪器在空转状态下，在操作的极限范围内能正常运转；PQ（performance qualification）——性能确认，确认仪器载样运行下是否符合标准规定。

2. 设备出厂合格证

《中华人民共和国产品质量法》第三章第二十七条规定，所有产品出厂必须出厂检验合格，并附产品合格证，这是生产者必须履行的法定义务，也是生产者对其产品质量合格的一种明示承诺。质监部门出具的产品合格证是法律认可的。

3. 中国环境保护产品认证（CCEP 认证）

中国环境保护产品认证为自愿非强制性认证，认证范围包括水处理设备、废气处理设备、环境监测仪、油烟净化设备等，由环境部门授权颁发。通过认证的企业可将标志贴在产品上，以提高企业环保品牌的形象。

4. 体系认证

ISO9000 是国际上通用的质量管理体系。成规模的油烟自动在线监测系统的生产厂家，可根据需要开展质量管理体系认证（ISO9001：2015）。该认证有四个核心标准：质量管理体系基础和术语（ISO9000：2015）、质量管理体系要求（ISO9001：2015）、质量管理体系业绩改进指南（ISO9004：2015）、质量和环境管理体系审核指南（ISO19011：2002）。

该认证是指，由取得质量管理体系认证资格的第三方认证机构，依据 ISO9001 标准，对企业的质量管理体系实施评定，评定合格的企业由第三方论证机构颁发质量管理体系认证证书，并给予注册公布，以证明企业质量管理和质量保证能力符合相应标准或有能力按规定的质量要求提供产品。

2.5 部长信箱来信选登

2.5.1 关于 HJ 1077—2019 的问题的回复

1. 来信内容

HJ 1077—2019 现已实施，目前饮食油烟的排放标准仍执行 GB 18483—2001，那么 HJ 1077—2019 是指替代了 GB 18483—2001 中的附录 A，还是两个分析方法均可？由于 HJ 1077—2019 中并未明确提出废止 GB 18483—2001 中附录 A 的方法，也未说明替代，这两个方法是否都要保留？用 HJ 1077—2019 测出的油烟会否依据 GB 18483—2001 的标准进行评判，是否需要按照 GB 18483—2001 的折算标准进行折算？

2. 部长回复

（1）《固定污染源废气油烟和油雾的测定 红外分光光度法》（HJ 1077—2019）并未替代《饮食业油烟排放标准（试行）》（GB 18483—2001）附录 A 的内容，两个方法都为现行有效标准，但随着消耗臭氧层物质四氯化碳（CTC）实验室用途淘汰进程的加快，鼓励优先使用 HJ 1077—2019 方法。同时，我们也将尽快通过 GB 18483—2001 标准的修订废止附录 A 的监测方法。

（2）我部于 2019 年发布《固定污染源废气 油烟和油雾的测定 红外分光光度法》（HJ 1077—2019），按照我国生态环境标准体系建设及管理办法相关规定，在标准实施后发布的污染物监测方法标准，如适用性满足要求，同样适用于标准相应污染物的规定，即 HJ 1077—2019 可作为 GB 18483—2001 附录 A 的等效替代方法，测出的油烟浓度应按照 GB 18483—2001 的要求进行折算。

2.5.2 关于饮食业油烟标准中检测结果的折算问题的回复

1. 来信内容

在《饮食业油烟排放标准（试行）》（GB 18483—2001）第 6.6 小节中，指出应将实测排放浓度折算成基准风量时的排放浓度，并给出了公式，但是对于公式中涉及的参数"n-折算的工作灶头个数"没有给出明确的计算方法。请问，在实际操作过程中，n 应该如何获取，需要通过什么公式进行折算获得？

2. 部长回复

根据《饮食业油烟排放标准（试行）》（GB 18483—2001）第 4.1 小节的相关规定："基准灶头数按灶的总发热功率或排气罩灶面投影总面积折算。每个基准灶头对应的发热功率为 1.67×10^8 J/h，对应的排气罩灶面投影面积为 1.1 m^2"，用实际工作的灶头的总发热功率除以基准灶头发热功率，或用实际工作的灶头对应的排气罩灶面总投影面积除以基准灶头对应的排气罩投影面积，即可得到折算的工作灶头个数。运算结果按照《数值修约规则与极限数值的表示和判定》（GB/T 8170—2008）中"3.2 进舍规则"要求修约至小数点后 1 位。

2.5.3　关于火锅异味扰民问题的回复

1. 来信内容

我是一名基层环保部门工作人员，最近我局接到群众强烈投诉，反映其楼下火锅气味扰民，要求予以关闭。经现场核实，该楼栋为商住综合楼，火锅店面位于一楼商业铺面，与居住层相邻，无公共烟道。《中华人民共和国大气污染防治法》第八十一条规定："禁止在居民住宅楼、未配套设立专用烟道的商住综合楼以及商住综合楼内与居住层相邻的商业楼层内新建、改建、扩建产生油烟、异味、废气的餐饮服务项目。"我们在投诉处理过程中，有如下疑问，希望可以为基层执法提供指导性意见：（1）火锅烹饪过程中所产生的气味，因个体差异感受差别较大，是否能将火锅气味界定为异味？怎样确立判断标准？类似的一些餐饮烹饪工艺比如卤、焖、炖、涮等制作过程产生的气味，如果发生居民投诉，是否也能将其确定为异味？（2）关于该法条的理解，是否需要"在居民住宅楼、未配套设立专用烟道的商住综合楼以及商住综合楼内与居住层相邻的商业楼层内"和"产生油烟、异味、废气的餐饮服务项目"两个条件同时满足时，该禁止条件才能成立？

2. 部长回复

（1）首先，关于异味界定问题，依据《饮食业油烟排放标准（试行）》（GB 18483—2001）第 5.5 小节规定，饮食业产生特殊气味时，参照《恶臭污染物排放标准》（GB 14554—93）的臭气浓度指标执行。根据 GB 14554—93，净化设施高于 15 米属于有组织排放，应在净化设施采样位置监测臭气浓度，达标判定参照臭气浓度排放标准值执行；净化设施高度低于 15 米或者逸散的无组织排放的特殊气味，应在餐饮服务项目法定边界监测臭气浓度，达标判定参照 GB 14554—93 中臭气浓度厂界标准值执行。

（2）《中华人民共和国大气污染防治法》第八十一条第二款规定："禁止在居民住宅楼、未配套设立专用烟道的商住综合楼以及商住综合楼内与居住层相邻的商业楼层内新建、改建、扩建产生油烟、异味、废气的餐饮服务项目。"根据这一规定，禁止新建、改建、扩建产生油烟、异味、废气的餐饮服务项目需同时满足"在居民住宅楼、未配套设立专用烟道的商住综合楼以及商住综合楼内与居住层相邻的商业楼层内"和"产生油烟、异味、废气"两个条件。

第三章　不同场景下饮食油烟的化学组成研究

烹饪过程中产生大量可见烟雾，这些烟雾是由油、水蒸气、液滴、燃烧产物及冷凝的有机物组成的微米级别的粒子，直径范围在 100 纳米到数百微米，大多为超细微粒，直径小于或等于 2.5 μm 的颗粒物 $PM_{2.5}$ 的颗粒浓度在 99% 以上。从形态组成上看，饮食油烟主要由颗粒物和气态物质组成，气态污染物主要是一些挥发性有机化合物，是异味的主要来源。饮食油烟的生产过程原理见图 3 - 1。

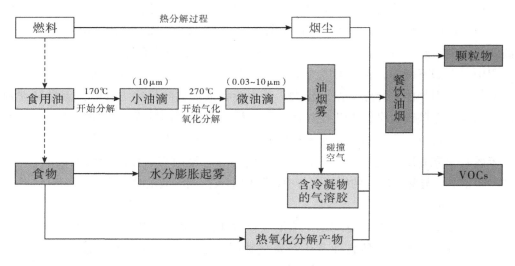

图 3 - 1　饮食油烟生产过程

本章主要研究饮食油烟和家庭油烟的主要成分和组成特征，为后续开展新型油烟现场监测技术、高精度油烟自动在线监测设备、电子鼻、油烟预警模型、家庭厨房净化技术的研究做好技术支撑。

3.1　实验室模拟烹饪原始样品研究

实验室模拟烹饪的方式，未加载油烟净化功能模块，为下文研究饮食油烟和家庭油烟的成分组成做好数据对照支持。

3.1.1 样品采集和分析方法

实验装置搭建在实验室的通风橱内，通过气体采样袋对油烟发生装置产生的油烟VOCs进行采集，采样装置的示意如图 3 - 2 所示。模拟烹饪实验研究参数如表 3 - 1 所示。

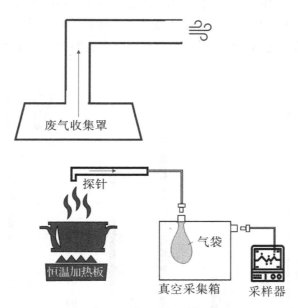

图 3 - 2 采样装置示意

表 3 - 1 模拟烹饪实验研究参数

研究项目	VOCs
食用油的种类	大豆油、菜籽油、棕榈油、调和油、玉米油、花生油、猪油
食用油的温度	180 ℃、220 ℃、260 ℃
研究菜系	（调和油烹饪）炸薯条、东南亚菜、川菜
	（花生油烹饪）炸薯条、东南亚菜、川菜

分析方法：参考原环保部标准《环境空气挥发性有机物的测定罐采样/气相色谱质谱法》（HJ 759—2015）。

3.1.2 油烟挥发性有机物组成分析

饮食油烟排放挥发性有机物（VOCs）的浓度及组成很大程度上取决于食用油种类、烹饪食材、烹饪方式及燃料的选择。

3.1.2.1 不同食用油在不同温度下产生的 VOCs 污染特征

按图 3-3 方式，加热 7 种食用油（大豆油、菜籽油、棕榈油、调和油、玉米油、花生油和猪油），分别在 180 ℃、220 ℃、260 ℃油温下采集每种食用油产生的油烟废气 3 个 VOCs 样品，以食用油种类为横坐标，取每种食用油在 180 ℃、220 ℃、260 ℃下 3 个样品 VOCs 质量浓度平均值为纵坐标，绘制得到图 3-3。由图 3-3 可见，不同食用油受热后所产生的油烟 VOCs 浓度随油温升高而增大。排放浓度较大的是棕榈油、猪油、花生油和调和油。当油温达到 260 ℃时，各种食用油产生的 VOCs 质量浓度分别较 220 ℃时增加 0.5～6 倍。

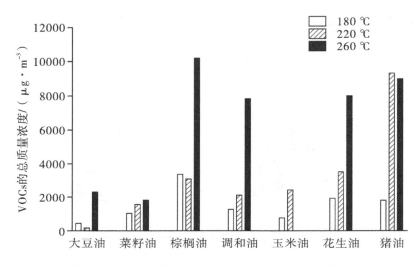

图 3-3 各种食用油产生的 VOCs 随温度变化柱状图

3.1.2.2 220 ℃条件下不同食用油产生的 VOCs 的组分特征

由于 200 ℃以上为各种食用油较常见的烹饪温度，且产生的 VOCs 较为稳定，故本节选择与 200 ℃较为相近的 220 ℃作为实验模拟的烹饪油温。在 220 ℃烹饪温度下，猪油产生的 VOCs 排放浓度最大，达到 9500 μg/m³，其次是花生油、棕榈油、玉米油、调和油、菜籽油和大豆油（表 3-2）。

表 3-2 220 ℃油温下各种食用油油烟中 VOCs 排放浓度及组成

食用油	大豆油	菜籽油	棕榈油	调和油	玉米油	花生油	猪油
油烟中 VOCs 总和/($\mu g \cdot m^{-3}$)	175	1590	3172	2155	2503	3611	9500

将 VOCs 组分归类为烷烃类、烯烃类、芳香烃类、氯代烃类、羰基化合物和其他共 6 类（图 3-4）。

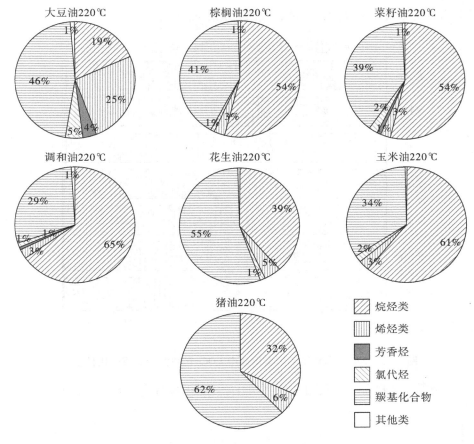

图 3 - 4　各种食用油烹饪油烟高含量成分组分占比

可以看出，在 220℃ 烹饪温度下，不同食用油产生的 VOCs 组分存在一定差异，但主要较大程度上受羰基化合物和烷烃类影响，其次是烯烃类。大豆油中的烯烃类占比最高，可达 25.41%。不同油类中，猪油产生的 VOCs 排放浓度最大，达到 3958.125 μg/m³，其次是花生油、棕榈油、玉米油、调和油、菜籽油和大豆油（表 3 - 3）。

表 3 - 3　不同食用油油烟中 VOCs 排放浓度及组成

食用油品种	大豆油	菜籽油	棕榈油	调和油	玉米油	花生油	猪油
油烟中 VOCs 总和/(μg·m⁻³)	76.47	658.73	1423.595	953.67	1105.763	1554.684	3958.125

分析不同食用油产生 VOCs 关键高组分浓度特征（图 3 - 5）可见，羰基化合物的主要组分为乙醛；烷烃类的主要组分为戊烷、丁烷、庚烷和正己烷；烯烃类的主要组分为 1 - 丁烯、1 - 戊烯、1 - 己烯。这些组分特征在大豆油中浓度最低，而芳香烃化合物、氯化烃化合物和其他化合物的质量浓度在菜籽油、调和油、玉米油、棕榈油中没有明显差

异，醛类物质质量占比最高的是猪油，其次是花生油（图3-6）。

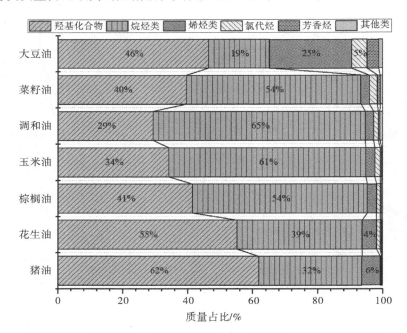

图3-5　220℃条件下不同食用油中VOCs的排放组成百分比柱状图

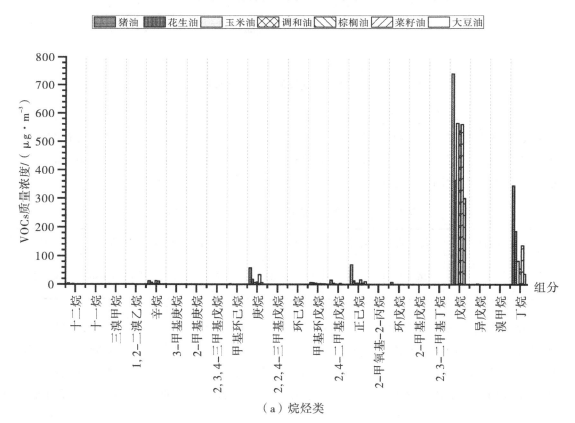

（a）烷烃类

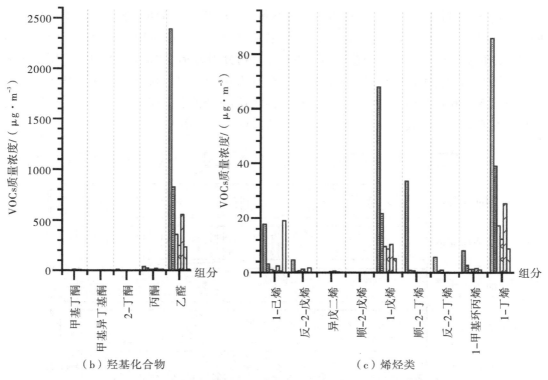

（b）羟基化合物　　　　　　　　　（c）烯烃类

图3-6　220℃条件下的不同食用油中VOCs的关键高组分浓度柱状图

3.1.2.3　不同菜品产生的VOCs污染特征

对比不同菜系的VOCs排放浓度（图3-7）可见，东南亚菜相比川菜和炸薯条，产生的VOCs总质量浓度较低。可能是因为东南亚菜的烹饪温度相对较低，菜系口味较清淡。

花生油用于东南亚菜、川菜和炸薯条时，炸薯条产生的VOCs几乎是川菜的1.8倍，是东南亚菜的4.9倍。对比乙醛在不同菜系中的浓度及占比情况可见，川菜和东南亚菜中的乙醛占比最高，最高可达91%。

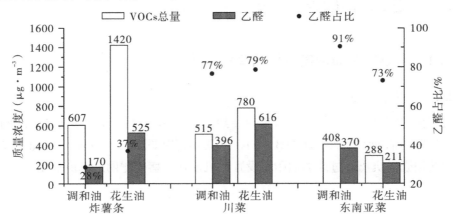

图3-7　不同菜系油烟VOCs及乙醛排放浓度情况

由图 3-8 可以看出，不同食用油烹饪不同菜系所产生的 VOCs 浓度和组成均有所不同。用于烹饪川菜时，调和油和花生油的羰基化合物占比分别为 88.16% 和 84.68%。用于烹饪东南亚菜时，调和油和花生油的羰基化合物分别为 91.59% 和 90.31%。用于炸薯条时，调和油和花生油的烷烃类占比最大，分别为 63.53% 和 56.79%，而羰基化合物占比分别为 31.36% 和 38.87%。由此推测：高油的油炸类烹饪方式产生的 VOCs 以烷烃类和羰基化合物为主，其他油量适中的烹饪方式以羰基化合物为主。

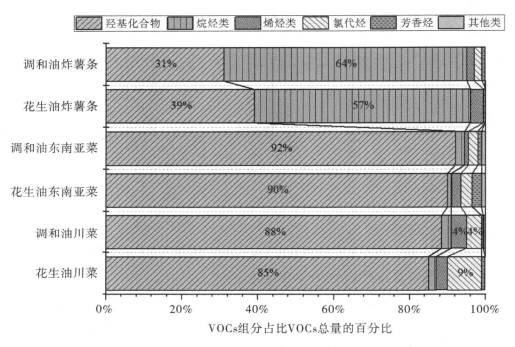

图 3-8 不同菜系 VOCs 组成百分比条形图

3.2 家庭厨房油烟废气研究

3.2.1 家庭厨房油烟废气样品采集方法

3.2.1.1 采样方法

实验室模拟家庭厨房烹饪操作台搭建在线液态油脂采样平台，分别采集滤网和蜗壳风机两个位置的油烟液化油脂（图 3-9）。采集示意如图 3-10 所示。蜗壳下设置蜗壳油杯，盛接蜗壳风机离心过滤的油脂；设置烟机油杯，盛接滤网过滤的油脂。

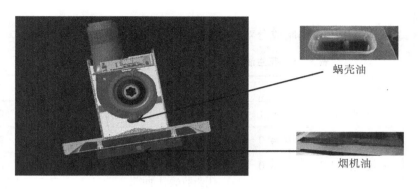

图 3 - 9　实验室液态油脂采样平台

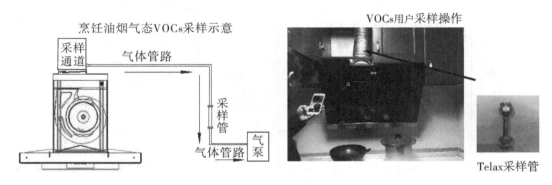

图 3 - 10　家庭厨房油烟采样示意

　　针对全国典型地区和菜系（川、湘、浙、粤、鲁、闽）进行实际家庭用户采样，采集样本 20 件，其中川菜 4 户、湘菜 4 户、浙菜 3 户、粤菜 3 户、鲁菜 3 户、闽菜 3 户，采集烹饪过程中的油脂及气态污染物 VOCs。参照 HJ 38—2017 标准使用 Telax 吸附管采集。

3.2.1.2　分析方法

　　液态油脂采用红外光谱 FTIR、气质联用 GC-MS、高效液相色谱 HPLC、核磁共振谱 NMR、元素分析 ICP 等组合手段分析。

　　VOCs 参照美国 EPA TO-17 检测方法，采用 GC-MS 定性半定量分析。

3.2.2　结果分析

3.2.2.1　液态油脂

　　花生油和大豆油的不同成分及加热烹饪后油烟成分呈现如下规律：

　　（1）植物油经过高温加热，形成脂肪酸甘油酯和氧化油脂；

　　（2）花生油比大豆油少 8% 亚油酸，花生油相对于大豆油更易氧化；

　　（3）烹饪时高温氧化形成的小分子产物（烷烃类、烯烃类等）种类相似，特征物质相似，含量也相似；

　　（4）烹饪油烟升腾过程中，油烟机滤网过滤和风机离心过滤的油脂中，主要成分几乎没有改变。

花生油滤网油脂和风机油脂成分对比如表3-4所示。

表3-4　花生油滤网油脂和风机油脂成分对比

滤网（质量占比/%）			风机（质量占比/%）		
脂肪酸甘油酯（88）	三肉豆蔻酸甘油酯	0.1～0.2	脂肪酸甘油酯（91）	三肉豆蔻酸甘油酯	0.1～0.2
	三棕榈酸甘油酯	4.0～5.0		三棕榈酸甘油酯	3.0～4.0
	三硬脂酸甘油酯	8.0～9.0		三硬脂酸甘油酯	8.0～9.0
	三油酸甘油酯	35.0～36.0		三油酸甘油酯	35.0～36.0
	三亚油酸甘油酯	38.0～39.0		三亚油酸甘油酯	40.0～41.0
	三亚麻酸甘油酯	1.0～1.5		三亚麻酸甘油酯	2.0～2.5
	三花生酸甘油酯	0.3～0.5		三花生酸甘油酯	0.3～0.5
氧化油脂（11.5）	氧化油脂	11.0～12.0	氧化油脂（8.5）	氧化油脂	8.0～9.0
醛类（0.2）	戊醛	0.05～0.06	醛类（0.29）	正己醛	0.04～0.05
	正己醛	0.03～0.04		庚醛	0.03～0.04
	3-甲基丁醛	0.02～0.03		3-甲基丁醛	0.02～0.03
	反-2-戊烯醛	0.01～0.02		EE-2,4-庚二烯醛	0.01～0.02
	EE-2,4-庚二烯醛	0.01～0.02		癸醛	0.01～0.02
	正辛醛	0.02～0.03		E-2-庚烯醛	0.02～0.03
	反-2-辛烯醛	0.01～0.02		壬醛	0.02～0.03
	壬醛	0.02～0.03		2-己烯醛	0.01～0.02
	2-壬烯醛	0.01～0.02		2-癸烯醛	0.01～0.02
	苯-乙醛	0.02～0.03		反-2-壬醛	0.01～0.02
	2-癸烯醛	0.01～0.02		正辛醛	0.05～0.1
	2,4-癸二烯醛	0.01～0.02		2,4-癸二烯醛	0.01～0.02
	反-2-辛烯醛	0.01～0.02		2,4-壬二烯醛	0.01～0.02
醇类（0.05）	正戊醇	0.01～0.02	醇类（0.06）	环己醇	0.01～0.02
				1-辛烯-3-醇	0.01～0.02
	正辛醇	0.03～0.04		正庚醇	0.01～0.02
				正戊醇	0.01～0.02

滤网（质量占比/%）			风机（质量占比/%）		
烷烃类 （0.05）	戊烷	0.01～0.02	烷烃类 （0）	—	—
	十四烷	0.01～0.02			
	十五烷	0.01～0.02			
酸类 （0.05）	甲酸	0.01～0.02	酸类 （0.01）	乙酸	0.01～0.02
	乙酸	0.01～0.02			
	己酸	0.02～0.03			
呋喃 （0.02）	2-正己基呋喃	0.01～0.02	呋喃类 （0.04）	2-正丁基呋喃	0.01～0.02
	2-正戊基呋喃	0.01～0.02		2-正戊基呋喃	0.02～0.03
其他 （0.07）	a-柏木烯	0.01～0.02	其他 （0.04）	1-辛烯	0.02～0.03
	4-癸炔	0.01～0.02			
	甘油	0.03～0.04		柠檬烯	0.01～0.02
	十氢异喹啉	0.01～0.02			
无机物 （0.06）	氯化钠	0.05～0.08	无机物 （0.06）	氯化钠	0.05～0.08

花生油滤网油脂成分占比如图 3-11 和表 3-5 所示。

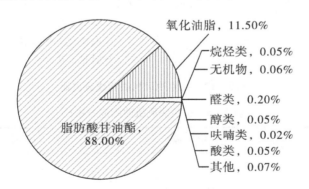

图 3-11　花生油滤网油脂成分占比

表 3 - 5　花生油滤网油脂成分占比

组分类别（化合物种数）	质量占比/%
脂肪酸甘油酯（7）	88.00
氧化油脂	11.50
醛类（13）	0.20
醇类（2）	0.05
烷烃类（3）	0.05
酸类（3）	0.05
呋喃类（2）	0.02
其他（4）	0.07
无机物（1）	0.06

花生油风机油脂成分占比如图 3 - 12 和表 3 - 6 所示。

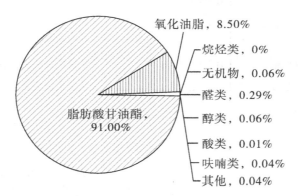

图 3 - 12　花生油风机油脂成分占比

表 3 - 6　花生油风机油脂成分占比

组分类别（化合物种数）	质量占比/%
脂肪酸甘油酯（7）	91.00
氧化油脂	8.50
醛类（13）	0.29
醇类（4）	0.06
烷烃类（0）	0
酸类（1）	0.01

组分类别（化合物种数）	质量占比/%
呋喃类（2）	0.04
其他（2）	0.04
无机物（1）	0.06

大豆油滤网油脂成分占比见图 3 - 13 和表 3 - 7。

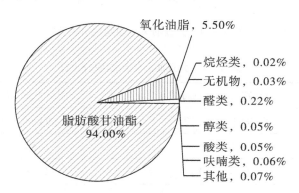

图 3 - 13　大豆油滤网油脂成分占比

表 3 - 7　大豆油滤网油脂成分占比

组分类别（化合物种数）	质量占比/%
脂肪酸甘油酯（7）	94.00
氧化油脂	5.50
醛类（16）	0.22
醇类（2）	0.05
烷烃类（2）	0.02
酸类（2）	0.05
呋喃类（4）	0.06
其他（5）	0.07
无机物（1）	0.03

大豆油风机油脂成分占比见图 3 - 14 和表 3 - 8。

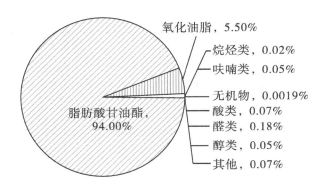

图 3 - 14　大豆油风机油脂成分占比

表 3 - 8　大豆油风机油脂成分占比

组分类别（化合物种数）	质量占比/%
脂肪酸甘油酯（7）	94.00
氧化油脂	5.50
醛类（16）	0.18
醇类（2）	0.05
烷烃类（2）	0.02
酸类（2）	0.07
呋喃类（3）	0.05
其他（5）	0.07
无机物（1）	0.0019

3.2.2.2　气态油脂

（1）气态油脂 VOCs 总量：川菜（20～1500 mg/m³）＞湘菜（10～1000 mg/m³）＞鲁菜（50～60 mg/m³）＞闽菜（20～30 mg/m³）＞浙菜（10～30 mg/m³）＞粤菜（10～20 mg/m³）。

（2）气态油脂 VOCs 中各小分子化合物组成为：80%～90% 烷烃（戊烷、己烷、庚烷），5%～10% 烯烃（正戊烯、丙烯），5%～10% 芳香烃（苯、甲苯、苯乙烯），2%～4% 醛酮（丙酮），1%～2% 醇类（乙醇），1%～10% 其他物质（乙酸乙酯、四氢呋喃、二丁醚）。烷烃：各类菜系差异不大，占 80% 以上；烯烃：浙菜和鲁菜排放较少，其他菜系差异不大；芳香烃：闽菜，川菜，湘菜和鲁菜排放较多（10% 左右），其次是粤菜和浙菜排放相对较少；醛酮：川菜、湘菜、闽菜、鲁菜相对排放较多（3%），其他菜系排放较少；醇类：湘菜排放相对较多（2% 左右），其他菜系排放很少。

表3-9　典型菜系家庭厨房烹饪油烟成分对比

川菜			湘菜		
序号	名称	质量浓度/ （mg·m^{-3}）	序号	名称	质量浓度/ （mg·m^{-3}）
1	乙醇	41.54	1	乙醇	39.74
2	丙酮	44.90	2	乙腈	12.88
3	正戊烯	220.07	3	丙酮	28.39
4	乙酸乙酯	7.00	4	正戊烯	202.38
5	四氢呋喃	14.82	5	乙酸乙酯	6.52
6	3,3-二甲基戊烷	6.83	6	四氢呋喃	14.45
7	苯	15.57	7	苯	13.02
8	3-甲基庚烷	108.02	8	3-甲基庚烷	83.03
9	2,3-二甲基戊烷	39.06	9	2,3-二甲基戊烷	31.27
10	3-甲基己烷	155.63	10	3-甲基己烷	121.91
11	2,3,4-三甲基戊烷	22.81	11	2,3,4-三甲基戊烷	18.72
12	1,2-二甲基环戊烷	8.28	12	1,2-二甲基环戊烷	8.10
13	庚烷	14.66	13	庚烷	110.22
14	1,1,3-三甲基环戊烷	19.33	14	1,1,3-三甲基环戊烷	13.88
15	甲基环己烷	14.87	15	甲基环己烷	12.32
16	2,4-二甲基己烷	6.92	16	2,4-二甲基己烷	4.81
17	1,2,4-三甲基环戊烷	6.91	17	乙基环戊烷	3.18
18	2,5-二甲基庚烷	21.46	18	1,2,4-三甲基环戊烷	5.06
19	异丁酸异戊酯	9.36	19	1,2,3-三甲基环戊烷	2.94
20	甲苯	60.70	20	2,5-二甲基庚烷	22.17
21	3-甲基庚烷	46.82	21	异丁酸异戊酯	9.40
22	2,3,4-三甲基正己烷	54.68	22	甲苯	52.12
23	1-甲基-顺-3-乙基环戊烷	41.88	23	3-甲基庚烷	120.77
24	2,4-二甲基己烷	737.95	24	2,4-二甲基己烷	947.07
25	苯乙烯	9.97	25	苯乙烯	7.41

鲁菜			闽菜		
序号	名称	质量浓度/ （mg·m^{-3}）	序号	名称	质量浓度/ （mg·m^{-3}）
1	3－氯氟苯	5.51	1	丁烷	19.98
2	异戊烷	1.45	2	乙醛	0.03
3	正戊烷	0.97	3	3－氯氟苯	0.34
4	环戊烯	0.91	4	异戊烷	0.35
5	环戊烷	43.79	5	正戊烷	0.29
6	1－戊烯	0.94	6	乙醇	0.25
	—		7	环戊烯	0.18
			8	环戊烷	4.44

浙菜			粤菜		
序号	名称	质量浓度/ （mg·m^{-3}）	序号	名称	质量浓度/ （mg·m^{-3}）
1	异戊烷	0.31	1	异戊烷	10.79
2	正戊烷	0.32	2	2－戊烯	0.35
3	环戊烷	10.72	3	反－1,3－戊二烯	0.25
4	3－甲基己烷	0.22	4	2－甲基－2－丁烯	0.38
5	正庚烷	0.57	5	环戊烷	0.22
	—		6	甲苯	0.19

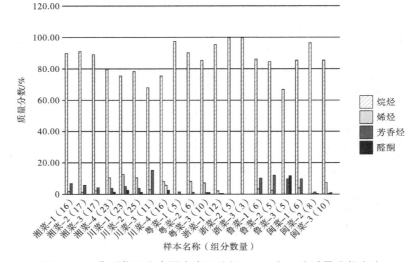

图 3-15　典型菜系家庭厨房烹饪油烟 VOCs 各组分质量分数占比

3.3 餐馆油烟废气研究

3.3.1 餐馆情况及采样点位设置

选取广州市北京路商圈的4类典型菜系（川菜、湘菜、粤菜和越南菜）餐馆进行采样。点位选取原则如下：①点位周边无其他明显污染源；②选取的餐馆要具备对应类别中的烹饪特点；③所选餐饮单位需具备规范的排污口，方便采样；④餐馆具有充足客源，工况稳定。各餐饮单位厨房运作参数见表3-10。

另在餐馆附近距油烟废气排口约10米处的人群活动敏感点设置一个环境空气监测点，用于了解餐馆油烟对周边空气的影响。

油烟废气监测按《饮食业油烟排放标准（试行）》（GB 18483—2001）的规定执行，在用餐高峰期时段（11时～14时和17时～20时）开展监测。

表3-10 餐馆厨房运作参数

	A餐馆	B餐馆	C餐馆	D餐馆
菜系	川菜	湘菜	粤菜	越南菜
样品个数	3	3	3	4
主要烹饪方式	炒、蒸	炒	炒	炒、蒸
规模	大型/5个灶头	小型/1个灶头	中型/4个灶头	中型/4个灶头
燃料类型	液化石油气	液化石油气	液化石油气	天然气
炉数	炒炉6台、实开4台；蒸炉2台、实开1台	炒炉4台、实开2台	炒炉3台、实开3台	炒炉3台、实开2台，蒸炉1台、实开1台
净化方式	静电式	静电式	静电式	静电式

3.3.2 样品采集及分析方法

餐馆气袋油烟废气采集方式如图3-16所示，使用气袋收集油烟废气VOCs。

同3.1小节的实验室模拟烹饪研究，分析方法参考环保部标准《环境空气挥发性有机物的测定罐采样/气相色谱质谱法》（HJ 759—2015）。

3.3.3 不同餐馆（菜系）的VOCs排放特点

对比不同餐馆（菜系）的VOCs排放浓度（表3-11）。湘菜的饮食油烟中VOCs浓度最高（2438.6 μg/m³），其次是川菜（578.4 μg/m³），越南菜（536.96 μg/m³）和粤菜（244.5 μg/m³）。四种菜系餐馆油烟废气中，苯、甲苯、乙苯、对＋间二甲苯均有检出，前三种苯系物在实验室模拟菜系烹饪中亦检出。初步判定，苯、甲苯、乙苯无法通过静电净化完全处理。不同菜系餐馆油烟废气 VOCs 中，排放浓度相比其他物质明显较高的前几种物质均以烷烃类为主。

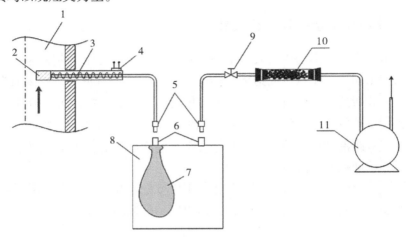

1—排气管道；2—玻璃棉过滤头；3—Teflon连接管；4—加热套管；
5—快速接头阳头；6—快速接头阴头；7—气袋；8—真空管；9—阀门；
10—活性炭过滤器；11—抽气泵

图 3-16　餐馆气袋采集油烟废气 VOCs 示意

表 3-11　餐馆样品 VOCs 成分组成情况

单位：$\mu g/m^3$

化合物种类	化合物名称	A 餐馆（川菜）	B 餐馆（湘菜）	C 餐馆（粤菜）	D 餐馆（越南菜）
烯炔烃类	乙烯	105.6	240.1	1.3	30.9
	乙炔	31.3	194.1	0.7	6.2
	丙烯	16.6	58.6	0.7	4.7
	1-丁烯	8.5	23.6	2.6	18.7
	顺-2-丁烯	ND	1.7	ND	ND
	反-2-丁烯	0.5	2.5	ND	ND
	1-戊烯	2.2	4.5	ND	ND
	2-甲基-1,3-丁二烯	3.3	2.8	2	3.2
	1-己烯	2.8	5.3	ND	ND
	1,3-丁二烯	6.2	21.3	ND	0.5
	烯炔烃类合并	208.4	603.2	9.1	64.2

续表

化合物种类	化合物名称	A餐馆（川菜）	B餐馆（湘菜）	C餐馆（粤菜）	D餐馆（越南菜）
烷烃类	乙烷	137.1	13.9	0.8	88.5
	丙烷	35.6	387.7	58.6	39.1
	异丁烷	9.6	613	12.3	10.9
	正丁烷	16	666.2	9.8	15.8
	异戊烷	7.9	14	3	4
	正戊烷	10.2	11.2	1.3	11.7
	环戊烷	1.5	1.8	2	ND
	2-甲基戊烷	1.5	0.9	1.2	ND
	3-甲基戊烷	0.9	ND	ND	ND
	正己烷	2.4	2.5	2	11.2
	3-甲基己烷	1.4	ND	ND	3.8
	庚烷	1.9	2.1	0.7	1.6
	正辛烷	1.5	2.2	ND	1.6
	正癸烷	ND	ND	2.1	ND
	正十一烷	2	ND	1.8	ND
	正十二烷	8	2.1	4.5	11.8
	烷烃类合并	237.5	1717.6	100.1	200
芳香化合物	苯	9	14.2	0.9	1.7
	甲苯	17.3	13.2	16.9	45.5
	乙苯	2.6	2.7	3.8	4.5
	对+间二甲苯	6.7	6.5	8.6	4.4
	苯乙烯	3.2	1.5	2.8	ND
	邻二甲苯	2.8	2.9	3.8	4.2
	间乙基甲苯	ND	ND	ND	1.7
	1,2,4-三甲基苯	1.4	1.6	1.3	4.1
	对二乙基苯	ND	ND	1.4	0.7
	萘	1.1	1.1	1.1	ND
	芳香化合物合并	44.1	43.7	40.6	66.8

续表

化合物种类	化合物名称	A 餐馆 （川菜）	B 餐馆 （湘菜）	C 餐馆 （粤菜）	D 餐馆 （越南菜）
卤代烃类	二氟二氯甲烷	1	0.8	1	3.9
	一氯甲烷	1.3	2.9	0.9	ND
	一氟三氯甲烷	1.2	1.1	1	ND
	二氯甲烷	9.1	6.2	9	7.8
	三氯甲烷	1.7	7	2.4	3.6
	1，2－二氯乙烷	1.6	1	1.2	29.6
	四氯化碳	ND	3.1	0.9	ND
	三氯乙烯	0.6	1.5	1.2	0.9
	四氯乙烯	ND	1.3	2.1	1.5
	卤代烃类合并	16.5	24.9	20.8	47.3
其他	二硫化碳	1	1	1.5	ND
	异丙醇	5.7	4	5.6	4.1
	甲基叔丁基醚	1.5	1.1	1.1	ND
	乙酸乙酯	22.8	8.4	6.5	19.6
	乙酸乙烯酯	4.1	4.5	1.3	ND
	甲基丙烯酸甲酯	ND	1	0.4	ND
	4－甲基－2－戊酮	0.7	ND	ND	ND
	丙烯醛	31.4	48.7	1.8	—
	丙酮	31.7	25.4	52.3	20.7
	2－丁酮	4.4	3.9	5.2	—
	乙醇	—	—	—	59.35
	乙腈	—	—	—	54.91
	其他合并	103.30	98.00	75.70	158.66
挥发性有机物总和		578.4	2438.6	244.5	536.96

注："—"表示没有数据。"ND"表示未检出。

3.4 小结

（1）实验室模拟烹饪、家庭和餐馆的油烟废气中，VOCs 成分基本一致，但是组成比例存在一些差异。与家庭和餐馆油烟废气以烷烃类显著主导不同，实验室模拟烹饪的油烟废气中 VOCs 烷烃类与醛酮类同为占比最高成分，非油炸烹饪方式较油炸方式的油烟 VOCs 的醛酮类含量较高。

（2）油烟 VOCs 的排放浓度与油温呈正相关。

（3）实验模拟烹饪油烟 VOCs 中，乙醛的浓度和含量在不同食用油中差异较为显著，且较其他物质明显，但在餐馆油烟 VOCs 中，乙醛含量并不突出，说明乙醛容易被静电式的油烟净化器去除。

第四章 城市饮食油烟的自然消化机理

4.1 气态环境中城市饮食油烟的迁移转化

4.1.1 大气中城市饮食油烟的迁移转化

4.1.1.1 近年臭氧已成为我省最主要的大气污染物

近年来，随着我国大气污染防治的深入，大气主要污染物如直接排放的一次颗粒物浓度有所降低，臭氧等逐渐成为首要污染物。2021 年广东省二氧化硫（SO_2）、二氧化氮（NO_2）、$PM_{2.5}$、PM_{10} 和一氧化碳（CO）年平均浓度较 2014 年分别下降 50.0%、15.4%、42.1%、27.3% 和 43.8%；臭氧（O_3）年平均浓度上升了 7.5%（图 4-1）。超标天数中，臭氧作为首要污染物的比例持续在高位，$PM_{2.5}$ 作为首要污染物的比例创新低（图 4-2）。目前，臭氧已成为我省及国内其他大部分地区最难治理的污染物之一。

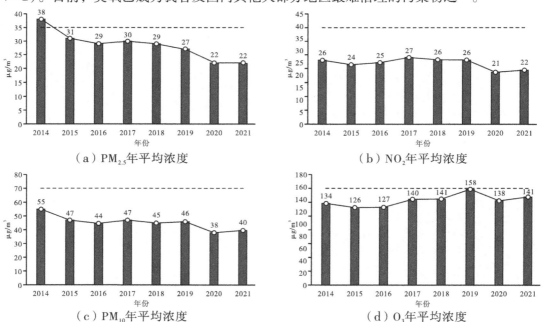

图 4-1　2014—2021 年广东省主要大气污染物的浓度变化情况

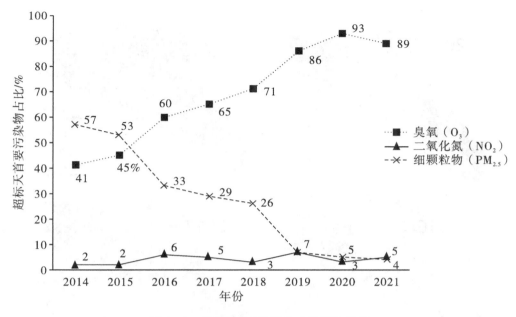

图 4-2 超标天首要污染物占比变化趋势

历年来，广东省中部是臭氧超标天数最多的地区，2017 年以来，珠江三角洲西南部的臭氧污染有加剧的趋势，超标天数较多的城市主要有东莞、佛山、江门、广州、清远、中山。广东省 2014—2021 年臭氧超标天数变化趋势见图 4-3。

4.1.1.2 城市饮食油烟是主要的大气污染源之一

准确来讲，此处所讨论的城市饮食油烟，是指离开加热源（灶台）或净化处理设施后，可能被人体接触到的油烟。这种油烟有别于还在灶台上空或者在油烟排口处的原生油烟，它移动了一段距离且经过了一定程度的冷凝，即 1.2.2 小节中提到的次生油烟。

气溶胶是粒径为 0.01～10 μm、分散在气态介质中的固体或液体小质点。固体气溶胶通常称为"烟"，而液体气溶胶通常称为"雾"。次生油烟是油烟气雾。油烟气雾包含气态物质和气液共存的气溶胶态物质。油烟气态物质主要成分为 VOCs、SVOCs、硫化物、二氧化碳、氮氧化物、水蒸气等；气溶胶态物质主要成分为冷凝态的上述气态物质（粒径小于 10 μm 的 PM_{10} 或粒径小于 2.5 μm 的 $PM_{2.5}$）。

在没有降雨的天气，大部分的油烟气雾是通过大气环境转移消化的，通过城市风场作用及人类活动的热力和动力过程在大气中逐渐消散。在消散过程中，油烟气态物质、气溶胶态物质，和大气中已存的其他颗粒物，历经多次小粒子间的碰并、凝聚、聚合，不断形成新的气态物质和气溶胶物质。

油烟属于人为源的大气颗粒物。大气颗粒物进入大气动力学系统后，随天象而开始迁移转化，借助风力迅速升腾。在晴朗的日子，经阳光照射，部分颗粒物成分会蒸发，变成气态污染物，参与气相反应。遇到降水等天气，颗粒物会进入液态水中并被清除。

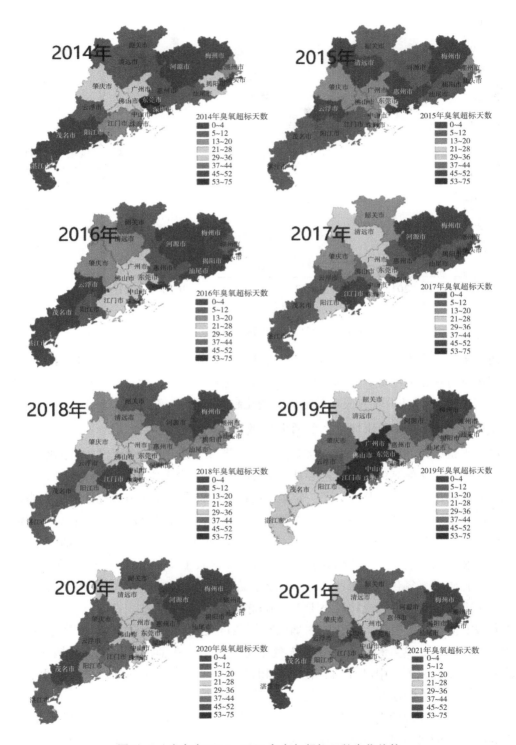

图 4-3　广东省 2014—2021 年臭氧超标天数变化趋势

按照国家发布的排放源清单编制指南，笔者统计了 2020 年广东省饮食油烟源的排放总量。饮食油烟源主要排放 PM_{10}、$PM_{2.5}$、黑碳（BC）、有机碳（OC）与 VOCs 等污染物，全省饮食油烟源 PM_{10}、$PM_{2.5}$、BC、OC 与 VOCs 的年排放量分别达 26618.32 吨、21294.65 吨、275.62 吨、9573.51 吨与 61852.00 吨。BC、OC 是重要的 $PM_{2.5}$ 成分，VOCs 是臭氧的主要前体物，因此，饮食油烟源对广东省的 $PM_{2.5}$ 浓度与臭氧浓度均有较大的影响。

4.1.1.3　城市饮食油烟是 $PM_{2.5}$ 与臭氧的重要来源

大气的氧化能力主要来源于自由基（·OH、NO_3·、Cl·）等氧化性物质。HOx 自由基循环是大气氧化的动力和推进器，氮氧化物是大气氧化过程的"催化剂"。由于 VOCs 的大量排放加剧了 OHx 自由基的大量增生，加剧了大气氧化性，VOCs 成为增强大气氧化能力的"燃料"。

饮食油烟源 VOCs 的大量排放实际上是大力助长了大气的氧化能力，最终导致更多臭氧的生成。臭氧是目前防治难度最大的大气污染物，它的一次排放基本可以忽略，主要来源于 NOx 与 VOCs 在光照条件下的一系列光化学反应。VOCs 被氧化后生成含氧挥发性有机物（OVOCs）或者成为半挥发性气溶胶，最终生成二次有机气溶胶（SOA），成为 $PM_{2.5}$ 的重要成分。

近地面臭氧的反应机理非常复杂，包括自由基的形成、传递、循环和终止。所有的反应，都离不开 NOx 和 VOCs。NOx 是氮氧化合物的统称，常见于汽车尾气排放、发电厂生产、化石燃料燃烧等活动中。NO_2 经波长小于 424 nm 的光线照射后，可产生 NO 与 O 原子，O 原子与 O_2 反应就可以产生臭氧，臭氧含量与 NO 及 NO_2 的含量有很大的关系，它与 NO 含量成反比，与 NO_2 含量成正比，因此如果有其他原因造成 NO 转化为 NO_2，则会使臭氧急速积累，造成臭氧污染。VOCs 的光化学反应，其实是一些碳氢化合物的光化学反应。VOCs 和 OH· 自由基发生反应，生成一系列自由基，这个过程中，NO 被氧化成 NO_2，VOCs 也会不断被氧化，部分 VOCs 被氧化成二次有机气溶胶（secondary organic aerosol，SOA）。VOCs 生成臭氧与 SOA 的过程，见图 4-4。

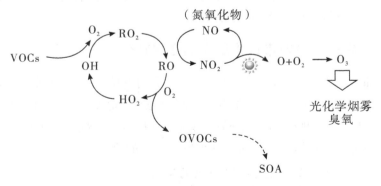

图 4-4　VOCs 生成臭氧与 SOA 的过程示意

当 NOx 的量很大时，主要的自由基消除过程为硝酸的生成过程，即

$$\cdot OH + NO_2 （+M） \longrightarrow HNO_3 （+M）$$

在这种情况下，臭氧的生成受自由基形成速率的限制，所以一般认为是臭氧生成的 VOCs 控制区。

当 NOx 的量很少时，自由基的去除途径为

$$HO_2 \cdot + HO_2 \cdot （+M） \longrightarrow H_2O_2 + O_2 （+M）$$

$$HO_2 \cdot + RO_2 \longrightarrow ROOH + O_2$$

在这种情况下，臭氧的生成受制于 NO 的可用性（NO 与 HO$_2$ 或 RO$_2$ 反应可导致 O$_3$ 生成），这种情况一般认为是臭氧生成的 NOx 控制区。

自由基过程在大气化学中发挥着关键作用，除上述的去除过程外，还包括以下两种重要过程：

（1）OH 和 HO$_2$ 之间的转化：

$$OH + O_3 \longrightarrow HO_2 + O_2$$

$$HO_2 + O_3 \longrightarrow HO + O_2$$

（2）OH 和 HO$_2$ 通过 RO$_2$ 增殖：

$$OH + VOC \longrightarrow RO_2 + PRODUCTS$$

$$RO_2 + NO \longrightarrow HO_2 + PRODUCTS$$

$$HO_2 + NO \longrightarrow OH + NO_2$$

自由基反应链长即一个自由基从产生到去除所经历的循环次数，即

$$HO{x}\_CL = HO{x}\_rctd/ （2 \times HO{x}\_new）$$

其中：HOx_rctd 为总 HOx 反应速率；HOx_new 为 HOx 新生成的速率；分母中的 2 是代表一个自由基转化为另一种自由基，再生成原来的自由基要经历两步反应（如 OH $\longrightarrow$ HO$_2$ $\longrightarrow$ OH）。如果 HOx_CL = 0.5，说明自由基产生后就进入终止反应，没有经历增殖过程，这种情况一般极少出现；HOx_CL $\in$（1，2）则说明 NO 太少，自由基无法增殖，或者 NO$_2$ 过多，自由基很快被清除；HOx_CL > 2 说明 NO 的浓度水平适合自由基的增殖与臭氧的快速生成。一般以 HOx_CL > 2.5 作为臭氧生成的 VOCs 控制区的划分标准，低于 2.5 则是臭氧生成的 NOx 控制区。

4.1.2 室内空气中城市饮食油烟的迁移转化

城市饮食油烟产生的源头在于厨房灶台。在室内逗留的厨房油烟已成为室内空气污染的第一大污染，重庆 50 个家庭样本调查发现厨房空气品质最差。油烟依靠灶台热气流的上升作用与排风罩的抽吸作用，不断向四面八方扩散，大部分被抽风系统抽离，剩余部分逃窜混入厨房空气环境中。厨房是油烟室内污染的第一站。

4.1.2.1 室内饮食油烟气溶胶颗粒物的运动

室内油烟气溶胶颗粒物的运动遵循质量守恒定律、动量守恒定律、能量守恒定律和

组分守恒定律。运动状态主要有扩散式运动和沉降式运动两种。扩散式运动又分为布朗扩散和对流扩散两种方式，这两种方式同时进行。室内油烟扩散能力随着温度的升高而逐渐加强，随着油烟气溶胶的粒径变大而逐渐减弱。油烟气溶胶粒径越小，则布朗运动越激烈，扩散能力越强。在灶台附近高浓度油烟区域，油烟气溶胶运动剧烈，以湍流涡旋为主导；在厨房墙角壁面，油烟受黏性力作用而紧贴壁面；在接近厨房墙体的区域，发生大量的分子扩散和涡旋扩散。油烟气溶胶颗粒扩散的同时进行自由沉降。油烟气溶胶颗粒受到向下的重力、向上的浮力以及阻碍运动的空气黏滞阻力这三种力的共同作用，而黏滞阻力随着油烟气溶胶颗粒速度增加而增大，因此当三力平衡时，油烟气溶胶颗粒由开始的不稳态运动趋向稳态运动。油烟颗粒物在扩散和沉降过程中，还会与其在运动过程中遇到的来自厨房的颗粒物，或来自与厨房相通的大厅、房间室内空气的颗粒物，或室外大气中的颗粒物碰撞，发生凝并现象。油烟颗粒发生凝并后伴随的就是油烟颗粒数量的减少以及粒子直径的增大。由此可见，室内油烟颗粒从其在厨房产生开始，首先在厨房内各处以各种形式运动，通过相互间碰并、凝并二次形成新的油烟颗粒，再游窜进入厨房以外的其他空间，与其他空间空气环境中的背景颗粒相互间碰并、凝并，第三次形成新的油烟颗粒。

以上仅描述了厨房油烟颗粒的物理运动，实际上，油烟颗粒内部，以及油烟颗粒与颗粒间在碰并过程中均可能存在化学运动（反应）。本书笔者通过实验研究发现，烹饪油烟复杂成分中含有苯、甲苯、甲醛等容易在太阳光照射下发生光解反应的物质。甲醛的光解生成了 H_2 和 CO，或者 H 和 HCO 自由基，在氧气的参与下进一步生成过氧（HO_2）自由基。环境空气中还存在大量的自由基，其中·OH 自由基可以启动并催化苯和甲苯，它可与甲苯发生加成反应生成 $C_6H_5C_3$·OH，在氧参与下进而发生反应生成其他物质，如此不断地发生链式反应，在 NO 环境下进而又生成苯甲醇自由基和硝酸苯甲酯。

4.1.2.2 室内饮食油烟气溶胶颗粒物分布变化

室内油烟气溶胶颗粒物的分布总体遵循"源头浓度最高，源头外围逐渐削减"的规律，即厨房灶台是油烟气溶胶颗粒物的发源地和集散地，油烟气溶胶颗粒物一边与厨房原有的空气颗粒物碰并、凝并、聚合，一边向外围扩散运动，围绕着灶台，油烟气溶胶颗粒物浓度随距离递增而呈递减趋势。在门窗进出风口处，油烟气溶胶颗粒物迅速外溢，与来自与厨房相通的大厅或房间中的空气颗粒物交互碰并，再次发生凝并、聚合。李双德（2017）通过电子低压撞击器监测粒径 0.03～10 μm 油烟气溶胶颗粒发现，颗粒数浓度随着粒径增大而显著降低，655 nm 以下的细颗粒物颗粒度浓度最大；而颗粒质量浓度随着粒径增大而呈现显著增大的趋势，2.5 μm 以上的颗粒质量浓度最大。同时发现，油烟机在油烟发生处的净化效率为 90% 以上，要高于油烟发生处 3 m 外的净化效率（80%～90%），且对大颗粒 PM_{10} 的净化效果要优于小颗粒 $PM_{2.5}$。离油烟发生处 3m 外的空间，油烟颗粒数浓度自然扩散衰减率为 64.9%，$PM_{2.5}$ 质量浓度自然扩散衰减率为 75.7%。

4.1.2.3　室内饮食油烟气溶胶颗粒物成分的分布特征

饮食油烟气溶胶颗粒物成分极其复杂，含有不少无机物，如硫化物、二氧化碳、氮氧化物、水蒸气等。这些无机物有一部分来自于厨房空气，还有不少来自于厨房燃气燃烧过程。过去，城市家庭和餐馆，一般采用罐装煤气作为燃料。煤气是煤在与空气隔绝的地方强烈分解而产生的一种混合气体，主要是氢气（H_2）、甲烷（CH_4）、一氧化碳（CO）、乙烯（C_2H_4）、氮气（N_2）及二氧化碳（CO_2）等的混合气体。现今，我国大部分城市实现了管道天然气入户。天然气主要成分是烷烃类物质，甲烷占绝大部分，另有少量的乙烷、丙烷和丁烷等。相比煤气，天然气的杂质较少，燃烧产生的硫化物、氮氧化物明显减少。

饮食油烟气溶胶颗粒物中除了无机物质外，还负载了大量有机物。Chang S S（1978）等人用气相色谱质谱法测得 180 ℃收集的玉米油、氢化棉籽油烟中有多种化合物，包含多种醛、芳香化合物、呋喃和二噁烷。Aun H（1986）等人进行的研究表明，不同种类的食用油在高温下的热解产物达 200 多种，主要有醛类、酮类、烃、脂肪酸、芳香族化合物及杂环化合物等。Chung T Y（1993）等人从在 200 ℃油温下收集到的花生油油烟中，检测出 99 种挥发性物质，其中有 22 种醛，4 种呋喃。Li S G（1994）等人对用滤膜采集的厨房空气样品进行分析，发现精制油、大豆油、菜籽油的油烟中，存在苯并(a)芘（BaP）、二苯并（a,h）蒽（DbahA）、苯并(a)蒽（BaP）、二苯并（a，b）蒽（DbahA）、苯并(e)芘（BeP）等 5 种具强致癌性的多环芳烃。G Takeoka（1996）等人从油炸过的食用大豆油的挥发物中检测出 140 种化合物，其中有 12 种烷烃、10 种烯烃、25 种醛、21 种酮、13 种醇、9 种脂肪酸、1 种芳香化合物和 30 种呋喃、吡嗪等杂环化合物等。卡尔弗特和英格伦的研究表明，醛、酮、有机酸、硫化物和硫醇是油烟气味的主要污染源。本书的笔者经过两年多时间对餐馆和家庭厨房饮食油烟进行的监测和研究发现，使用花生油烹制菜肴，对比越南菜、川菜和炸薯条等排放的油烟 VOCs，炸薯条油烟 VOCs 各种成分的总浓度几乎是川菜的 1.8 倍，是越南菜的 4.9 倍。净化后的饮食油烟废气成分以烷烃类物质为主，而室内饮食油烟成分以烷烃类物质和羰基化合物为主，且厨房环境中存在大量的乙醛，尤其是烹饪川菜和越南菜的时候，厨房油烟的乙醛含量最高。

4.2　城市地下污水管道中饮食油烟的迁移转化

饮食油烟气溶胶颗粒物主要存在于大气环境中。按照 4.1 节的描述，一般来讲，饮食油烟迁移的第一站是厨房，不论是否经过室内或室外的净化设施，其第二站是与厨房相连通的大厅、房间或室外的大气环境。但还有一种可能性，那就是饮食油烟被违规抽排至连通地下污水管道的污水中。《广东省大气污染防治条例》第六十一条明确提出，"严禁封堵、改变专用烟道和向城市地下排水管道排放油烟"，但仍有部分不成规模的餐馆为了节省成本铤而走险。此种情况虽不常见，但在城市油烟监管不到位的角落并不少见。因此，城市地下污水管道亦可能成为饮食油烟迁移的第二站。

从环境监测的角度来说，因饮食油烟的"原料"来源于植物的种子（花生、玉米、芝麻、茶籽等）或是动物的油脂，有别于"石油类"物质，环境监测中表述它们的专业术语为"动植物油类物质"。植物油以不饱和高级脂肪酸甘油酯为主，由甘油与高级脂肪酸酯化而成，动物油以饱和脂肪甘油酯为主，与饮食油烟的成分明显不同。因不同物质的亲水性和疏水性不尽相同，因此，进入城市地下污水管网的一部分含亲水性物质的油烟融入水中，一部分含疏水性物质的油烟与污水中的油类物质混在一起。这些到了地下管网的饮食油烟并非理所当然地成为我们熟知的水体中的油类物质。溶于管网水体表面层以下的饮食油烟，水越深，接受的阳光照射越有限，以物理运动效应为主、化学运动为辅。它们主要还是随着水体流动而发生迁移，期间可能会被水体中的微塑料或其他水生生物、垃圾或障碍物所吸收或吸附，或是在偶尔被冲上水面时，在阳光照射给予能量的条件下与大气环境自由基发生化学反应。而与油类物质混合的饮食油烟，不论其到了哪条溪、哪条河、哪条江，甚至是哪片海面，只要能重见天日，在阳光照射下，就会与跟其表面接触的大气环境中的颗粒或是其所能接触的水体中的物质发生化学反应。因此在饮食油烟的迁移转化过程中，物理运动和化学运动不分主次，有时两种运动同时进行，有时交错进行。同处于水面下的饮食油烟颗粒一样，这些漂浮在水面的油污在沿途岸边或障碍物表面随时可能留下痕迹。

4.3　土壤等固体附着物中城市饮食油烟的迁移转化

4.3.1　土壤中城市饮食油烟的迁移转化

一般情况下，在土壤中很难找到饮食油烟的踪影，但此种情况也不容忽视。例如，4.2 节中提到的地下管网的饮食油烟沿着地表径流沿途遗滞，混入岸边的土壤砂石，长久积累形成卫生死角并发出阵阵异味，吸引昆虫或是其他生物闯入，通过接触和黏附，这些生物将饮食油烟又转移到了另一个区域，这些区域很可能是人类居住区或是农作物区。另一方面，水流漫入灌溉区的时候，水体中的饮食油烟可能被一并浇灌到两岸的农田里，进入农作物区。能迁移到这一站的饮食油烟已经与最初从餐馆排出的饮食油烟大不相同，它们在做物理运动的同时已发生了无数次的化学反应。

饮食油烟 VOCs 成分中物理和化学性质稳定的物质如氯苯类物质（CBs）常常成为这一站的主力军。氯苯类物质通常被称为"有机氯农药"，因结构稳定，物理和化学性质稳定，常温常压下不受空气、水分和光的作用，长时间煮沸也不发生分解。因其吸附性、挥发性、亲脂性均处于"中间"水平，易为农作物吸收。酶在生物体内难以降解，具有生物累积性和持久性，可通过生物富集作用，经食物链最终进入人畜体内，可抑制人体神经中枢，严重中毒时会损伤肝肾。

4.3.2 建筑物中城市饮食油烟的迁移转化

一般来讲，油烟对建筑物的污染，主要体现三个地方，一个是其诞生地——厨房，一个是烟道，另一个则是烟囱近距离直接面对的建筑物。20世纪90年代起，餐馆的厨房设施已比较齐全，一般都具备了抽油烟机，因此不太可能出现油烟停滞在厨房乱窜的现象。而在城市里，餐馆的经营必须经工商部门许可，其店面选址也是经过规划或者评估的，考虑了其对周围环境的影响。因此，厨房、烟道和烟囱中，最可能受污染的是烟道。

根据净化设施结构的不同，饮食业的油烟从厨房到大气的途径主要分为两种方式：一种是在被厨房灶台上的烟罩式油烟净化一体机抽吸的同时被净化，被净化后的烟气进入建筑物的公共烟道，最后从顶楼的烟囱排入大气；另一种是通过建筑物顶楼的风机从厨房灶台上被抽吸进入公共烟道中，经由烟道进入顶楼的净化器后，尾气最终才被排放到大气中。这两种方式虽然都可以达到净化油烟从而清洁大气环境的效果，但是后者对建筑物的污染比较明显。因为未被净化的油烟含有大量的小颗粒油状物质和气溶胶物质，它们会不断黏附在烟道中，有部分可能经烟道回流至厨房灶台上方被收集起来作为废液回收，另一部分则在烟道内表层堆积成厚厚的污油层。为了保证餐馆油烟净化设施的正常运行，且按照消防和环保要求，油烟机、油烟净化器和烟道须在一定周期内完成清洗，不论哪一种方式，清洗的同时都会带来一定的清洗废液。由于烟道油垢通常采用清洁剂先进行乳化后再通过刷子清除，清洁剂含有多种活性成分、乳化剂，可溶解物质、乳化、分散悬浮油垢，因此烟道中的油烟并未发生化学反应，只是形态发生改变，由大颗粒变成了小颗粒。从烟道中冲刷下来的饮食油烟通常以废液形式同厨房的废水一起被冲进城市地下管网，开始其在4.2节所述的"旅程"。

参考文献

[1] 陈晓阳，江亿. 湿度独立控制空调系统的工程实践 [J]. 暖通空调. 2004, 34 (11): 103 – 109.

[2] XIAO F, GE G M, NIU X F. Control performance of a dedicated outdoor air system adopting liquid desic-cant dehumidification [J]. Applied Energy, 2011, 88: 143 – 149.

[3] ZHANG Y H, SU H, ZHONG L J, et al. Regional ozone pollution and observation-based approach for analyzing ozone-precursor relationship during the PRIDE-PRD2004 campaign [J]. Atmospheric Environment, 2008, 42 (25): 6203 – 6218.

[4] SILLMAN S. The use of NO_y, H_2O_2, and HNO_3 as indicators for ozone-NO_x-hydrocarbon sensitivity in urban locations [J]. Journal of Geophysical Research, 1995, 100 (D7): 14175 – 14188.

[5] TAN Z, LU K, JIANG M, et al. Exploring ozone pollution in Chengdu, southwestern China: a case study from radical chemistry to O_3-VOC-NO_x sensitivity [J]. Science of the Total Environment, 2018, 636: 775 – 786.

[6] XIAO L, HONG J, LIN Z, et al. Severe surface ozone pollution in China: a global perspective [J]. Environmental Science & Technology, 2018, 5: 487 – 494.

[7] DIEM J E, COMRIE A C. Allocating anthropogenic pollutant emissions over space: application to ozone pollution management [J]. Journal of Environmental Management, 2001, 63 (4): 425 – 447.

［8］吕子峰，郝吉明，段菁春，等. 北京市夏季二次有机气溶胶生成潜势的估算［J］. 环境科学，2009，30（4）：969－975.

［9］沈劲，钟流举，陈皓，等. H_2O_2 与 HNO_3 生成速率比值判别臭氧生成敏感性［J］. 中国科技论文，2014，9（6）：725－728.

［10］沈劲. 臭氧生成敏感性研究概述［J］. 环境，2014（S1）：12－13.

［11］魏玉滨，路琳，刘欣. 住宅楼公共烟道油烟细颗粒物排放现状及治理必要性［J］. 天津科技，2019，46（8）.

［12］郝立庆. 甲苯光氧化生成二次有机气溶胶的实验与机理研究［D］. 合肥：中国科学院合肥物质科学研究院，2007.

［13］李双德，徐俊波，莫胜鹏，等. 模拟烹饪油烟的粒径分布与扩散［J］. 环境科学，2017.

［14］CHANG S S, PETERSON R J, HO C T. Chemical reactions involved in the deep fat frying foods［J］. J Am Oil Chem Soc, 1978, 55（10）：718－727.

［15］ANU H, HEIKKI P, KIM W. Margarines, butter and vegetable oils as sources of polyclic aromatic hydrocarbons［J］. J Am Oil Chem Soc, 1986, 63：889－893.

［16］沈孝兵，汪国雄. 烹调烟雾的健康危害［J］. 环境监测管理与技术，1999，11（1）：13－15.

［17］CHUNG T Y, EISERICH J P, SHIBAMOTO T. Volatile compounds identified in headspace samples of peanut oil heated under temperatures ranging from 50 ℃ to 200 ℃［J］. Agric Food Chem, 1993, 4（9）：1487－1490.

［18］LI S G, WANG G X, PAN D H, et al. Analysis of PAH in cooking oil fumes［J］. Arch Environ Health, 1994, 49（2）：119－122.

［19］G T, C P, R B. Volatile constituents of used frying oils［J］. Agric Food Chem, 1996, 44（3）：654－660.

［20］卡尔弗特，英格伦. 大气污染控制技术手册［M］. 北京：海洋出版社，1989.

［21］张楷，马永亮，徐康富. 饮食业油烟控制技术现状分析［J］. 重庆环境科学，2003（4）：55－58.

第五章　饮食油烟的人体暴露与健康风险

5.1　城市饮食油烟的人体暴露

近年来，随着人民生活水平显著提高，餐饮业蓬勃发展，相关环境污染问题日益严峻。由于餐馆主要集中在城市核心区、商业区、居民区等人口密集区域，饮食油烟排放已成为城市区域的空气质量污染排放源，其造成的污染问题和健康风险备受关注。

饮食油烟主要来源于食用油和食物中的脂类物质或有机质在高温下挥发及氧化裂解，形成烟雾。饮食油烟的组成成分很复杂，含有几百种 VOCs 和 SVOCs，主要有多环芳烃类、醛酮类、脂肪烃类、羧酸脂类、有机酸、杂环化合物、颗粒物等。而烹调过程中，燃料燃烧同样会产生 CO、NO_x、VOCs、PAHs 及颗粒物。

在烹饪过程中，SO_2、NO_2、CO、CO_2、$PM_{2.5}$ 及 PM_{10} 的浓度均超过室内空气质量标准规定的限值，关于 $PM_{2.5}$、PM_{10} 所含的金属成分分析结果显示锰、锌、铁含量较低，关于 $PM_{2.5}$、PM_{10} 所含的多环芳烃类有机成分分析结果显示 PAHs 污染严重，苯并(a)芘浓度超过国家室内空气质量标准规定的限值。

长期暴露在油烟中会对机体呼吸系统造成负担并对机体的免疫功能产生危害作用。前期研究表明，油烟成分中绝大部分对人体有致癌、致畸、致突变作用，如苯并(a)芘、杂环胺类化合物、亚硝胺等是已知的致癌物和致突变物，且来自高温烧烤类的排放物已被国际癌症研究机构（International Agency for Research on Cancer，IARC）确认为Ⅰ类致癌物。这些对机体有害的有毒物质，经过呼吸道进入人体后可以产生致突变性、免疫毒性、生殖毒性、肺脏毒性和致癌性。

我国餐饮文化历史悠久，地域差异明显，烹饪菜系更加丰富多样。中国传统的烹调习惯中，炒菜、煎炸、油炸等常见烹饪方式的油温通常达到 250 ℃以上。相比于西餐较为单一的烹饪方式，中式烹饪时间较长、油温较高、用量较大等特点，造成厨房的烟雾浓度较高、滞留时间较长，人体健康风险增加。

另外，城市饮食油烟是大气颗粒物的重要污染源。大气中的颗粒物一般是以其空气动力学直径（D_p）进行分类（表 5-1）。饮食油烟中颗粒物浓度远高于环境空气中的颗粒物浓度，高达数十倍至几十倍，并以细颗粒物为主。

在环境卫生研究中，颗粒污染物对人体的危害程度与其化学特性、粒径大小和数量有关。颗粒物的直径越小，进入呼吸道的部位就越深，其中 PM_{10} 可进入呼吸道，$PM_{2.5}$ 可到达肺泡并沉积，进而进入血液循环，到达全身各系统。

　　短时间接触一定浓度的烹饪油烟容易引起鼻喉刺激、呛咳、胸闷、气短、并导致流泪等症状。长期暴露于油烟中，会刺激呼吸道黏膜和肺部细胞，从而产生免疫反应和细胞毒性效应，降低人体免疫力，增加患癌概率。

表 5-1　大气颗粒物的分类

颗粒物名称	英文名称	空气动力学直径（D_p）
总悬浮颗粒物	TSP	≤100 μm
可吸入颗粒物	PM_{10}	≤10 μm
细颗粒物	$PM_{2.5}$	≤2.5 μm
超细颗粒物	UFPs	≤0.1 μm

5.2　城市饮食油烟的人体健康风险

　　迄今为止，科学家们围绕饮食油烟污染与健康问题开展了大量的研究工作，获得了很多卓有成效的研究成果，如烹饪油烟与非吸烟女性肺癌发生的关联性、厨房油烟与女性妊娠风险的关系、厨房多环芳烃类污染物与人体肾功能的危害性等。

　　虽有充足证据表明，在人群密集环境中，人是重要的 VOCs 污染源，但目前的研究更多地关注人的行为（如吸烟、烹饪等）对环境空气质量的影响。孙筱（2017）在研究中发现，人体内复杂的新陈代谢和体内的细菌真菌都能产生 VOCs，其中碳氢化合物、醚类、醇类、醛类、酸类、酯类、卤化物、含氮化合物、含硫化合物等均有在呼吸或皮肤散发中检出。但在人群密度较小的情况下，人体散发的 VOCs 的影响可以忽略，故本书所引用文献中均不考虑人体 VOCs 的干扰。

5.2.1　城市饮食油烟的组织穿透性和细胞毒性

　　国内大量的研究证实，饮食油烟经呼吸道进入肺组织后，能够刺激呼吸道黏膜和肺部细胞，产生免疫反应和细胞毒性效应，降低机体防御机制，长期接触可使肺组织细胞中的遗传物质受损，造成更严重的危害。

　　王勇（2011）通过动物实验研究发现，吸入一定浓度的食用调和油油烟，一定时间后，肺组织的抗氧化能力明显降低，脂质过氧化物增多，并可导致肺部的慢性炎症改变，长时间持续吸入食用调和油油烟对巨噬细胞（AM）和肺组织细胞有一定的损伤作用，易诱发癌前病变。

　　王勇（2011）、梁春梅（2012）、冯哲伟（2012）采集烹饪油烟 $PM_{2.5}$ 作为染毒物质，提取孕 18 天 ICR 母鼠的胎鼠肺组织中的 AEC Ⅱ（肺泡Ⅱ型上皮细胞）作为实验靶细胞，测定不同浓度油烟中 $PM_{2.5}$ 对胎鼠 AEC Ⅱ 存活率的影响。结果表明，不同浓度的细颗粒物作用于 AEC Ⅱ 0 h、12 h、24 h、36 h 后，产生了明显的细胞毒性，细胞存活率存在下降趋势，呈现剂量－反应关系和时间－反应关系。

烹饪油烟 $PM_{2.5}$ 能够通过致使 AEC Ⅱ 细胞增殖下降，诱导 AEC Ⅱ 通过线粒体途径造成细胞凋亡而引起细胞存活率下降。

丁柳（2021）发现，随着烹饪油烟 $PM_{2.5}$ 浓度和时间的增加，人脐静脉内皮细胞（HUVECs）的存活率逐渐降低，并存在一定的剂量反应趋势。烹饪油烟 $PM_{2.5}$ 可明显促进细胞的凋亡。

罗春苗（2020）发现，烹饪油烟 $PM_{2.5}$ 降低心肌细胞活性，浓度达到 50 μg/mL 时，烹饪油烟 $PM_{2.5}$ 对心肌造成明显的细胞毒性。烹饪油烟 $PM_{2.5}$ 通过诱发炎症反应，促进炎症因子生成，增加心肌细胞损伤，浓度越高，炎症反应越明显。

郭冬梅（2008）发现，在浓度为 100 μg/mL 的烹调油烟 $PM_{2.5}$ 中暴露 24 h，镜下观察 A549 细胞形态发现，细胞出现皱缩、变圆、界限模糊、溶解、坏死等变化。

郑欣然（2019）在烹饪油烟暴露实验中，观察到人支气管上皮细胞活性下降，且不同实验组细胞活性与 ROS（活性氧物质）含量存在相关性。在高浓度 ROS 油烟中暴露，通常造成细胞存活率下降，表明烹饪油烟对人支气管上皮细胞具有更强的炎症作用和潜在致癌效应。

5.2.2　饮食油烟与人类呼吸系统健康的相关性分析

宋龙霞（2018）、李晓莹（2020）、李鸣川（2004）、刘志强（2017）、李永谦（2004）的流行病学研究发现，非吸烟女性肺癌发生与烹饪油烟暴露之间有显著的关联，尤其是在厨房不使用抽油烟机、排风扇等排风设备的情况下，可能提高患肺癌的危险性。中国家庭妇女暴露于烹饪油烟中，可导致机体呼吸道疾病、肺癌、膀胱癌和子宫颈上皮内瘤变发生风险增加。

王格格（2019）针对中国中老年退休人群进行每日烹饪时长与肺癌发生风险关联性的队列研究。研究发现，在 33868 个样本的总人群中，每日烹饪时长大于 2 h 者的肺癌发生风险是不做饭（每日烹饪时长为 0）者的 2.05 倍。而在不吸烟又不饮酒的人群中，每日烹饪时长大于 2 h 者的肺癌发生风险是不做饭（每日烹饪时长为 0）者的 3.54 倍。这证实了室内烹饪油烟污染和室内固体燃料燃烧产生的空气污染与肺癌发生显著相关。每日烹饪时长越长的人群，会更长时间地暴露于烹饪油烟污染和生物质燃料燃烧产生的室内空气污染，从而更容易引发肺癌。

张小芳（2021）在研究中以具有典型代表性的呼吸系统疾病——肺癌为关注靶标，对国内外有关烹饪油烟暴露与肺癌相关性的研究数据重新进行整合，纳入样本 22207 例，最终的研究结果显示，烹饪油烟暴露会增加人体患肺癌风险，以炸、爆、炒、煎等烹饪方式的油烟暴露导致的肺癌风险高于其他方式。

郑欣然（2019）的实验结果表明，即使在实验室较大通风量条件下，烹饪也会造成严重的室内空气污染，烹饪中食用油类型、调料和菜品均会影响颗粒物及 VOCs 排放。烹饪产生的颗粒物均以超细颗粒物（UFPs）为主。

国内外大量流行病学调查研究证实了细颗粒物与人群健康危害的相关性。

$PM_{2.5}$ 是粒径不超过 $2.5~\mu m$ 的颗粒物质，重金属、细菌、芽孢及 VOCs 等大部分有害元素和化合物都富集在 $PM_{2.5}$ 上。而 $PM_{2.5}$ 在大气中的存留时间及呼吸系统的吸收率也随着其粒径的减少而增加。因此，随着呼吸进入人体的 $PM_{2.5}$ 在体内存留的时间会比较长且致使其吸收率高，导致滞留在终末细支气管和肺泡中的 $PM_{2.5}$ 的吸收率比其他粒径的颗粒物要高。

颗粒物粒径、浓度、生物和化学特性等因素的差异均会影响人体吸入颗粒物后对机体健康造成危害的程度。研究表明，粒径大于 $7.0~\mu m$ 的颗粒物能够被鼻腔和咽喉去除，几乎不能进入器官和支气管，对肺有害的颗粒物粒径为 $0.43 \sim 4.70~\mu m$。粒径为 $3.3 \sim 7.3~\mu m$ 的颗粒物大部分都被阻拦在上呼吸道（咽喉部和气管），粒径为 $3.3~\mu m$ 以下的颗粒物能够进入下呼吸道，特别是粒径为 $0.65 \sim 1.10~\mu m$ 的颗粒物可以进入肺泡，并通过血液循环运送到人体的各个部位。细颗粒物，尤其是超细颗粒物 $PM_{0.1}$，对人体肺部有极大危害。

5.2.3　饮食油烟与人类其他生理健康风险的相关性

5.2.3.1　肝脏

烹饪油烟中的脂溶性物质，经呼吸道吸入后，不仅作用于呼吸系统，而且能经过肺泡吸收进入血液循环到达肝组织，烹饪油烟中的有害物质在肝脏代谢活性时，可能会产生肝毒性物质，从而对肝组织产生损伤作用。

动物实验研究证实，烹饪油烟对大鼠的致死浓度为 $750~mg/m^3$，且烹饪油烟中的醛酮芳香族等化合物进入机体后经过代谢转化，可致使 SOD 活性降低，丙二醛（MDA）的含量增加，细胞膜的完整性受到破坏，导致细胞破裂、自溶与分解、坏死，还可以导致氧化损伤、充血、水肿及微量元素代谢紊乱等一系列病理性肝损伤。

有研究发现，在烹饪油烟中暴露 24 小时后，肝细胞存活率显著降低，当油烟浓度达到 $2560~\mu g/mL$ 时，细胞生存率最低为 13.04%。经烹饪油烟处理 24 h 的肝细胞线粒体酶活性被显著抑制。烹饪油烟所致线粒体功能损伤与 ROS 堆积及腺苷酸合成受阻相关。已经有证据表明，烹饪油烟可导致肝细胞线粒体能量代谢障碍和氧化损伤。

5.2.3.2　睡眠机制

油烟中含有的多环芳烃对人类和动物都有神经毒性，可能通过对中枢神经系统的毒性作用影响睡眠 – 觉醒周期。

张丽娥（2018）在研究中探讨烹饪油烟对机体的遗传损伤作用及其与睡眠质量之间的关联性。同时测定烹饪油烟的内暴露生物标志物——尿单羟基多环芳烃的体内浓度，并将其分别与微核（用于反映油烟的遗传毒性作用）和睡眠质量进行关联分析。

研究发现，厨房通风效果不好和每次烹饪时间超过 30 min 对烹调油烟暴露所造成的总体睡眠质量差具有联合作用。

5.2.3.3　女性妊娠风险

林权惠（2012）采用生殖流行病学调查发现，烹饪油烟暴露组女性月经先兆出现腰酸背痛、月经经量异常、妊娠期高血压、早产、自然流产、新生儿先天畸形等的发生率增加。在亚慢性动物实验中，雌性大鼠经烹饪油烟染毒后，卵巢增重效应被抑制，卵巢发育发生变化，各级卵泡的数量构成比和卵巢生殖细胞超微结构发生改变，动情周期紊乱，血清性激素水平改变。因此，烹饪油烟对女（雌）性的性腺有一定毒性。

5.2.3.4　其他风险

周冀武（2010）选择工种为烧烤或掌勺的厨师作为油烟暴露组；选择 40 名不接触油烟并与暴露组年龄、烟酒嗜好等其他条件相近的饮食从业人员作为对照组，分别测定其血清 MDA 及血脂。研究发现烹调油烟暴露组中血清 MDA 浓度和血脂总胆固醇、低密度脂蛋白均高于对照组，说明烹调油烟可导致暴露者血清中脂质过氧化物及血脂水平增高。

参考文献

[1] 郑少卿. 餐饮业油烟中 VOCs 的排放特征及其治理技术的研究 [D]. 石家庄：河北科技大学，2017.

[2] 何万清，王天意，邵霞，等. 北京市典型餐馆大气污染物排放特征 [J]. 环境科学，2020，41（5）：2050 – 2056.

[3] 崔彤，程婧晨，何万清，等. 北京市典型餐饮 VOCs 排放特征研究 [J]. 环境科学，2015，36（5）：1523 – 1529.

[4] 王秀艳，高爽，周家歧，等. 饮食油烟中挥发性有机物风险评估 [J]. 环境科学研究，2012，25（12）：1359 – 1363.

[5] 郭冬梅. 烹调油烟中主要污染物分析及细颗粒物对人肺腺癌上皮细胞（A549）白细胞介素 – 10 表达影响 [D]. 安徽：安徽医科大学，2008.

[6] 周美龄. COFs 对肝细胞线粒体损伤及能量代谢障碍机制的研究 [D]. 福州：福建医科大学，2015.

[7] 刘昱. 北方地区住宅厨房细颗粒物空间分布特性及人员暴露影响研究 [D]. 沈阳：沈阳建筑大学，2017.

[8] 肖德林. 饮食油烟对环境空气质量的影响 [J]. 环境工程，2018，36：434 – 445.

[9] 王桂霞. 北京市餐饮源排放大气颗粒物中有机物的污染特征研究 [D]. 北京：中国地质大学，2013.

[10] 王亮. 食用调和油油烟对肺器官毒性作用的研究及其预防策略 [D]. 南京：南京农业大学，2006.

[11] 王勇. 烹调油烟中的细颗粒物致胎鼠肺泡Ⅱ型上皮细胞细胞毒性和遗传毒性的研究 [D]. 合肥：

安徽医科大学，2011.

［12］梁春梅. 烹调油烟中的细颗粒物对胎鼠肺泡Ⅱ型上皮细胞死亡受体信号通路相关蛋白表达的影响［D］. 合肥：安徽医科大学，2012.

［13］冯哲伟. 烹调油烟 PM$_{2.5}$ 对胎鼠 AECⅡ细胞线粒体凋亡途径的影响［D］. 合肥：安徽医科大学，2012.

［14］丁柳. 维生素 D3 通过调节 p53/Bax/caspase 抑制烹调油烟细颗粒物诱导人脐静脉内皮细胞的凋亡［D］. 合肥：安徽医科大学，2021.

［15］罗春苗. 1,25－维生素 D$_3$ 通过抗炎症及抗凋亡途径在烹调油烟 PM$_{2.5}$ 引起心肌细胞损伤的调控机制和作用研究［D］. 合肥：安徽医科大学，2020.

［16］郑欣然. 室内烹饪源和蚊香燃烧源排放特征及其健康风险研究［D］. 上海：华东理工大学，2019.

［17］宋龙霞. 肺癌家族史与烹饪油烟接触史在非吸烟女性肺腺癌中的交互作用［D］. 唐山：华北理工大学，2018.

［18］李晓莹. RBFOX1 基因多态性与非吸烟女性肺癌易感性关系的研究［D］. 沈阳：中国医科大学，2020.

［19］李鸣川. XRCC1 基因多态性与非吸烟女性肺癌易感性的关系［D］. 沈阳：中国医科大学，2004.

［20］刘志强. 居住环境及室内空气污染与肺癌发病关系病例对照研究［J］. 中国公共卫生，2017，33（9）：1340－1344.

［21］李永谦. 中国人群肺癌发病危险因素的 Meta 分析［D］. 广州：暨南大学，2004.

［22］苏佳. 环境危险因素、DNA 修复基因与肺癌病因的关系研究［D］. 厦门：复旦大学，2008.

［23］王格格. 每日烹饪时长及其与基因多态性联合作用对肺癌发生影响的队列研究［D］. 武汉：华中科技大学，2019.

［24］张小芳. 城市住宅厨房空气污染与健康风险研究［D］. 贵阳：贵州大学，2021.

［25］张丽娥. 烹饪油烟暴露致机体遗传损伤及其与睡眠质量的关联研究［D］. 南宁：广西医科大学，2018.

［26］林权惠. 烹调油烟对女（雌）性的性腺毒性作用［D］. 福州：福建医科大学，2012.

［27］周冀武，赵亮，陈军. 烹调油烟对饮食从业人员血清脂质过氧化物及血脂水平的影响［J］. 宁夏医学杂志，2010，32（6）：539－540.

［28］孙筱. 人体散发 VOC 的特性及人与环境的相互作用研究［D］. 北京：清华大学，2017.

第六章 饮食油烟的生物和生态效应

由于第五章论述了饮食油烟对人体健康的危害，本章节便不再赘述，这里所提到的生物是指除了人类的生物，包含动物、植物和微生物。

目前尚未有相关文献系统论述饮食油烟的生物效应，大多数人一般也仅在人体健康层面意识到油烟直接给人类带来的危害。实际上，饮食油烟因其传播路径的广泛，通过生物（食物链）传播再"反馈"人类，其生物效应也不容被忽视。

6.1 饮食油烟进入植物体内的转运和迁移

6.1.1 植物自身代谢产生 BVOCs

植物按其生长环境的不同分为陆生植物和水生植物。每株植物都是一个有生命的有机体（组成物质为水、无机盐、糖类、脂类、蛋白质、核酸等），遵从生命法则，基本上都要经历萌芽期、展叶期、开花期、结果期、枯萎期、腐殖期。植物通过光合作用和呼吸作用维系生命体整个生命周期。通过光合作用，在可见光的照射下，植物在叶绿体内将二氧化碳和水转化成葡萄糖，并释放能量；通过呼吸作用，氧气的参与使体内有机物氧化分解生成二氧化碳、水或其他物质，同时释放能量。前者是将光能转化为化学能，后者是将化学能转化为内能。植物通过呼吸作用代谢的产物中还含有大量的挥发性有机物，这些由植物体内通过次生代谢途径合成的低沸点、强挥发性的小分子化合物称为植物挥发性有机物（biogenic volatile organic compounds，BVOCs）。全球大气环境中，BVOCs占 VOCs 总量超90%以上，是人为源 VOCs 的十倍以上。植物的根、茎、叶、花、芽、果实等器官在新陈代谢过程中释放的 BVOCs 包含萜烯类、苯类、脂肪族、烃类、醇类、醛类、酯类化合物，其次是酸类、酮类和其他类化合物，其中不乏一些带有芳香气味（魏德保，1981）的物质。BVOCs 中的异戊二烯，以及萜类、烷烃类、烯烃类、醇类、酯类化合物等是大气 VOCs 的主要来源。

6.1.2 植物吸收饮食油烟

饮食油烟从厨房到植物体内中间经历了什么？由于过程比较复杂，走到这一步的饮食油烟其成分基本为化学性质比较稳定的物质，如多环芳烃、氯苯类物质等，而烷烃类、醛酮类物质因较易在中间环节被转化成其他物质，故能到这一步被植物吸收、吸附的较少。

饮食油烟进入植物体内的方式跟其传播途径有关。一种是通过烟囱或室内换气的方式进入大气环境，在大气压强和大气沉降作用下，飘散在绿色植物叶面上；另一种则是在地表径流迁移过程中，黏附在水生植物表面或者被灌溉浇淋到瓜果蔬菜表面。经光照、风吹、雨淋，这些附着在植物表面的饮食油烟气溶胶中的挥发性和半挥发性有机物被逐渐释放出来。较多的文献记载了多环芳烃被植物吸收，植物亚细胞可通过叶片的蜡质表皮或通过气孔将菲和蒽吸收进入植物体内。一部分绿植拥有特殊"口味"的喜好。比如人们常说的可以净化室内空气中甲醛的绿萝、吊兰、芦荟等，不为人熟知的还有能吸收二甲苯、甲苯、三氯乙烯、苯和甲醛的千年木，吸附丙酮、苯、三氯乙烯和甲醛的白掌，吸附二甲苯、甲苯、甲醛的垂叶榕，吸收甲醛、二甲苯的散尾葵，吸收苯、三氯乙烯和甲醛的黄金葛，吸收甲醛、苯的袖珍椰子等。位国辉（2014）等人通过实验证实了芦荟吸收苯系物的量最多、效果最好，绿萝吸收甲醛效果最好。

不少文献也报道了植物根系可以有效吸附土壤中的重金属，从而达到净化和修复土壤的目的。其实，地表径流处的土壤也可吸附地表径流中的饮食油烟，植物通过根系吸附土壤饮食油烟成分中的脂溶性有机物质。植物根系吸附有机物的能力虽然不及其吸附重金属的能力，但是也已被不少文献研究证实。胡蓓蓓（2021）通过土培盆栽实验，研究发现胡萝卜、玉米、西葫芦、大豆等对作为替代型阻燃剂的有机磷酸酯（OPEs）有较强的吸收能力。闵勇（2019）发现蚕豆离体根研吸收甲醛的动力学曲线为前期慢、后期快的模式。陈冬升（2009）采用水培试验方法，以黑麦草、苏丹草、墨西哥玉米、高羊茅、三叶草等五种植物作为供试植物，证实了植物根亚细胞对菲的吸收和吸附作用。徐凤林（2012）在水生植物对双氯芬酸的去除效率和机理的研究中证实了风车草和凤眼莲两种水生植物对土壤重金属的吸附率均在50%以上。凌婉婷（2005）等人采用限制分配模型较好地预测根中菲的含量，为针对性地选择修复用植物、合理利用土壤资源、污染区生产优质农产品等提供依据。也有学者发现，与植物根系共生的微生物对植物根系吸附有机物具有积极作用。程兆霞（2009）以苊、芴、菲和芘为多环芳烃代表物，研究了丛枝菌根（AM）对植物根部吸收多环芳烃的促进作用，说明真菌侵染对根系吸附特性产生一定程度的影响。

很早以前，人们就已口口相传可使用果皮净化室内有毒气体，其实效果甚微，实为以讹传讹。其实，未有关于柚子、苹果、香蕉等常见水果的根、叶、茎对吸附甲醛、苯等有害气体的相关报道，因此，常见的果皮净化室内空气实则为无稽之谈。采摘后的果实在第21～28天出现呼吸峰值，该峰值出现后果实硬度及营养物质含量明显下降，细胞膜透性升高，细胞壁水解酶活性升高，细胞壁物质降解，导致果实品质迅速下降、不耐贮。用于室内净化的果皮若不及时清理，在微生物的分解下，甚至会产生毒害气体污染室内环境。同理，果皮净化法不适用于吸收吸附饮食油烟中的有机气体。

6.1.3 饮食油烟在植物体内的消化和转运机制

植物吸附饮食油烟的方式可分为主动式和被动式。主动式的吸附通常是在植物代谢能力允许下对植物有益的行为，被动式吸附通常是超过植物代谢能力范围给植物带来一定危害的行为。对于对饮食油烟中的有机气体（二甲苯、甲苯、三氯乙烯、苯和甲醛等）有特殊喜好的植物来说，它们会在自身能力允许条件下，主动吸附有机气体，但当有机气体的浓度超过它们可承受的范围时，它们会采用被动式吸附。因此，即便植物可以通过代谢分解有机气体，浓度过高的饮食油烟中的有机气体对于植物来说也并非好事。以甲醛为例，甲醛从根系被吸附进植物体内后，在蒸腾拉力和根压的作用下，沿着导管和细胞管不断向上运输，沿途参与植物的初生代谢和次生代谢，在细胞液和线粒体内经过同化、分解作用被转化为葡萄糖、氨基酸，释放二氧化碳（CO_2）和能量，有的还成为植物的组织成分（合成植物组织成分的作用远不及光合作用）。

6.2 饮食油烟进入动物体内的转运和清除

6.2.1 动物自身释放挥发性有机气体

早在 1857 年，科学家就发现人类呼出的气体中含有丙酮；1898 年，国外报道了呼吸气中丙酮含量的定量分析结果。近代研究表明，在人类的呼出气体、皮肤分泌物、尿液、唾液、母乳、血液和粪便中出现了 1765 种 VOCs。其中人呼吸、汗腺代谢等会释放甲醇、乙醇、醚类等 VOCs。其实，地球上由有机体构成的生物中，不仅是植物，除高等动物（人类）外的其他动物同样会释放挥发性有机物，其他动物释放的挥发性有机物称为 AVOCs。AVOCs 跟人类释放的 VOCs 有不少相似之处，其细微不同之处，未见相关报道。

6.2.2 饮食油烟进入动物体内并被代谢的机制

饮食油烟从厨房诞生开始，首先在室内接触的动物，除了人类这种高智商的高等动物，其他最有可能的就是家禽、宠物，以及躲藏在角落的各种昆虫（蟑螂、蚊子等）、老鼠等。而到了室外，接触到饮食油烟的动物种类则更为广泛，除了地上走的，还有天上飞的鸟类、水里游的鱼类等。

如同植物通过呼吸作用吸附和吸收饮食油烟，动物同样通过自身呼吸运动将饮食油烟气溶胶颗粒吸收进入呼吸道，再经由肺部的肺泡进入人体的血液中，然后游转到各个器官组织。然而，饮食油烟的有机物质进入动物体内后，并非原封不动地被动物以汗液、尿液、粪便的形式排泄出来。这些有机物进入动物体内后，有的被代谢生成别的物质，不能生成新物质的则一部分长久积累在动物体内，另一部分被排泄到体外。螃蟹、虾等甲壳动物以及大部分昆虫都具有天然的吸收吸附甲醛的能力，这是因为甲壳动物的外壳、昆虫的外角质层和内角质层都由甲壳素构成。甲壳素由 N－乙酰基－D－吡喃葡糖胺聚合而成，是自然界中迄今为止被发现的唯一带正电荷的动物纤维素，因而具有强大的吸附降解作用，可将甲醛分解为水和肟。

6.3 饮食油烟进入微生物体内的转运和清除

6.3.1 微生物吸收吸附饮食油烟

与上面提到的甲壳动物和大部分昆虫一样，真菌的细胞壁也由甲壳素组成，同样具有吸收吸附甲醛的能力。微生物能吸附吸收并分解代谢有机物的事实，我们并不陌生。只要有微生物生存的地方，不论在有氧还是在无氧环境下，无时无刻不在进行着这个过程。这是地球整个生态系统碳循环的一个关键环节。饮食油烟由数百种挥发性和半挥发性有机物组成，不少学者也专门对微生物分解饮食油烟做了研究。王志平（2006）指出微生物对饮食油烟中的苯系物质有较好的降解能力，并通过 GC/MS 分析得出油酸、亚油酸等五种脂肪酸占比过半，从而使用油酸评价和优选饮食油烟降解能力最强的微生物。马红妍（2011）从受污染的土壤中筛选了降解饮食油烟废气的微生物菌种，通过优化降解条件研究出生物滤塔最适宜的运行条件，从而引导该技术用于居民楼和中型餐馆的油烟治理。

6.3.2 微生物分解代谢饮食油烟的原理

饮食油烟可被微生物同化，提供碳源和能量，转化成微生物的代谢物质，另一部分则被微生物活动所产生的酶催化分解。微生物可在有氧和无氧环境下转化饮食油烟，在有氧环境下发生氧化反应，在无氧环境下发生还原反应。

6.3.2.1 脱氢反应

微生物对饮食油烟的氧化反应称为生化氧化反应，这种反应多为脱氢氧化反应。脱氢氧化时可从—CHOH 或—CH—CH 基团上将脱去的氢转给受氢体，若氧分子作为受氢体，则该脱氢氧化称为有氧氧化过程；若以化合氧（如 CO、NO 等）作为受氢体，即无氧氧化过程。饮食油烟中的饱和烃（烷烃类）如乙烷、丙烷、异丁烷、正丁烷、异戊烷、正癸烷、庚烷、正己烷等的氧化按醇、醛、酸的步骤进行。芳香族化合物中的苯、甲苯、乙苯、苯乙烯、萘、对二乙苯等的苯环的氧化分裂按酚、二酚、醌、环分裂的程序进行。

6.3.2.2 脱氯反应

微生物分解饮食油烟的过程也会有脱氯反应。脱氯反应是对饮食油烟中含氯物质

（四氯化碳、一氯甲烷、三氯甲烷、四氯乙烯、三氯一氟甲烷等）脱去氯原子的反应。

6.3.2.3　脱烷基反应

脱烷基反应是指饮食油烟分子中连接在氮、氧、硫等原子上的烷基，在微生物作用下脱去烷基的反应。连在碳原子上的烷基较易被降解。

总的来说，直链烃易被生物降解，有支链的烃降解较难，芳香烃降解更难，环烷烃降解最为困难。通过氧化路线，最终降解为二氧化碳、硫酸盐、硝酸盐、磷酸盐等；通过还原路线，最终降解为甲烷、硫化氢、氨、磷化氢等；但在变成最终产物之前，还会出现一系列中间产物或生物代谢产物。

6.4　饮食油烟对生物的毒性效应和致毒机理

植物对有毒气体并非"照单全收"，正如有毒气体危害人类一样，有毒气体同样会毒害植物。当毒害气体量过大，植物来不及将其转化为有益自身物质的时候，植物也会被毒害。甲醛具有高毒性，由于植物细胞可迅速将其转化，才不至于使甲醛在其体内过量积累。所以不难发现，在新装修的房子里，用于"净化空气"的绿萝、吊兰等放置过长时间后，会渐渐露出病态：叶子发黄、枯萎，根系溃烂发臭等。而植物吸入过多的甲醛后表现甲醛中毒病症，正如同人类饮酒一样，少量酒精可通过人体肝脏内的乙醇脱氢酶和乙醛脱氢酶氧化代谢，但如果短时间内饮酒过量或长期酗酒，肝脏来不及分解酒精，酒精就会侵入人体各个器官，这就是酒精中毒。以此类推，吸入油烟中过量的挥发性有机物，植物还会出现乙醛中毒、甲苯中毒、四氯化碳中毒、丙烯醛中毒等症状。

袭著革（2003）等人发现，饮食油烟具有明确的遗传毒性，可诱导核酸产生加合物8-OHdG（8-羟基脱氧鸟苷），其机制可能是烹调油混合污染物中存在痕量金属离子如 Fe^{2+}、Cu^{2+} 等，介导 Fenton 反应生成羟自由基，直接进攻 DNA 造成氧化损伤。邹丽君（2020）等人通过 54 只 SPF 级雌性 ICR 小鼠随机分 9 组实验证实，低浓度、短时间的苯和甲醛联合暴露对 ICR 小鼠导致的系统毒性及肝脏毒性有交互作用，且苯的肝脏毒效应较甲醛更为显著。万永霞（2013）等人以腹腔注射方式研究低、中、高浓度甲醛组，盐酸苯肼试验组和空白对照组，测试甲醛对小鼠造血功能的影响。实验发现，用药第二天小鼠即出现溶血现象，第八天时，与空白对照组相比，高浓度组小鼠红细胞数量降低了32.47%，血红蛋白含量降低了 44.14%，网织红细胞比例高达 22.86%；肝脏、骨髓切片可见较多破坏的红细胞。甲醛对小鼠有致溶血作用，能严重影响小鼠的造血功能。

6.5　饮食油烟在生态系统中的作用

环境中的 VOCs 的来源主要有植物 BVOCs 呼吸和光合作用、工业生产废气、生物（人类、动植物、微生物）生理代谢。从全球尺度看，BVOCs 约占 VOCs 排放总量的

90%，远高于人为源 VOCs 排放。BVOCs 在大气 VOCs 中的地位不容撼动，对地球生态的稳定和平衡具有重要作用。BVOCs 中的碳素来源于植物光合作用，绝大多数排放到大气的 BVOCs 最后都会通过各种形式转化成二氧化碳，再次进入陆地生态系统。

而作为消费者的人类和其他动物，直接或间接地以植物为食，通过消化和吸收，将摄取的有机物变成自身能够利用的物质。这些物质在物体内经过分解，释放能量，同时也产生二氧化碳等物质。这些物质可以被生产者——植物利用，在生产者 - 消费者的闭环中反复循环。此外，人类和其他动物的粪便或遗体经过微生物分解后，同样释放二氧化碳、含氮无机盐等物质进入生态系统，促进生态系统的物质循环。

在城市里，相比于人为源排放的 VOCs，植物 BVOCs 的含量微乎其微。越来越多的数据显示，饮食油烟 VOCs 是继工业和交通污染源之后的第三大污染源。饮食油烟在城市的生态系统中扮演重要的角色。同人类、动植物、微生物排放的 VOCs 一样，饮食油烟 VOCs 最终通过水体、大气、土壤等进入生态系统。由于大气氧化性主要体现在环境大气中 O_3、·OH、过氧自由基等物质的浓度水平上，饮食油烟 VOCs 浓度水平的升高会打破清洁大气中原有的光化学平衡，它可与·OH、RO· 等自由基反应生成 HO_2·、RO_2· 等过氧自由基，降低大气的氧化性以延长 CH_4 和 CO_2 等温室气体的寿命，并造成臭氧的积累。大气温室效应对生态系统影响有利也有弊。

温室效应的利处在于：①温室效应致使全球气温升高，冰川融化，水平面上升，降水面积明显扩大，但在抑制沙漠沙化的同时使原本在干旱地区生活得很好的植被受到其他植物的入侵，并产生竞争，使原本的生态系统发生改变；②由于温室气体 CO_2 的增加有助于植物光合作用，在一定的程度上可使农作物增产；③温室气体对地球起到保温作用，使得地球在没有日照的夜晚不至于降温过快，有利于生物的生存。

温室效应的弊端在于：①温室效应加速病虫繁殖，致使粮食减产；②由于海平面的上升，导致部分岛屿或海平面较低的城市被海水淹没，据预测，纽约、上海、东京和悉尼极有可能在若干年后因海水蔓延而消失；③由于温室效应使地球表面的热能增加，加剧了分子的热运动，造成气候反常，海洋风暴增多；④温室效应可抑制植物生长，特别是喜阴植物。

参考文献

[1] GUENTHER A B, HEWITT C N, ERICKSON D, et al. A globa model of natural volatile organic compound emissions [J]. Journal of Geophysical Research, 1995, 100 (D5): 8873 – 8892.

[2] 陈冬升. 多环芳烃在植物体内的亚细胞分配 [D]. 南京：南京农业大学，2009.

[3] 位国辉，付娟. 植物对室内甲醛和苯系物的改善作用研究 [J]. 资源节约与环保，2014 (9)：169.

[4] 江福英. 湿地植物对磷与重金属去除的根际效应及机理研究 [D]. 杭州：浙江大学，2017.

[5] 谢换换，叶志鸿. 湿地植物根形态结构和泌氧与盐和重金属吸收、积累、耐性关系的研究进展 [J]. 生态学杂志，2021，40 (3)：864 – 875.

[6] 柳检. 典型富集植物对铅的吸收和耐受机制研究 [D]. 北京：中国地质科学院，2019.

［7］徐军. 植物促生细菌和 EDTA 对植物生长与富集土壤重金属的影响及机制研究［D］. 南京：南京农业大学，2012.

［8］王义聪. 云南募乃露天铅锌矿区优势植物根内生细菌分子多样性研究［D］. 昆明：云南大学，2014.

［9］胡蓓蓓. 有机磷酸酯（OPEs）在土壤 – 植物系统中的吸收、转运和迁移行为研究［D］. 广州：中国科学院大学（中国科学院广州地球化学研究所），2021.

［10］闵勇. 蚕豆吸收与代谢甲醛机理及应用研究［D］. 昆明：昆明理工大学，2019.

［11］徐凤林. 水生植物对双氯芬酸的去除效率及机理研究［D］. 重庆：重庆大学，2012.

［12］凌婉婷，朱利中，高彦征，等. 植物根对土壤中 PAHs 的吸收及预测［J］. 生态学报，2005（09）：2320 – 2325.

［13］程兆霞. 丛枝菌根对植物吸收多环芳烃的影响［D］. 南京：南京农业大学，2009.

［14］李萍. 新疆杏果实发育期及采后生理生化机理研究［D］. 乌鲁木齐：新疆农业大学，2013.

［15］王志平. 降解油烟废气的微生物筛选、鉴定和条件试验［D］. 杭州：浙江大学，2006

［16］马红妍. 生物过滤法处理厨余油烟废气的试验研究［D］. 郑州：郑州大学，2011.

［17］裘著革，李官贤，孙咏梅，等. 烹调油烟雾诱导核酸氧化损伤及其标志物 8 – 羟基脱氧鸟苷的形成机制［J］. 环境与健康杂志，2003（5）：259 – 262.

［18］邹丽君，张娟，高艳芳，等. 低浓度苯和甲醛经呼吸道联合染毒对小鼠肝脏毒性研究［J］. 赣南医学院学报，2020，40（5）：518 – 522.

［19］万永霞，王汉海. 甲醛对小鼠造血功能影响的试验研究［J］. 湖北农业科学，2013（52）：3905 – 3907.

［20］蔡洁. 甲醛和甲醇染毒对小鼠和离体培养细胞毒性的比较研究［D］. 武汉：华中师范大学，2017.

第七章　城市饮食油烟自动在线监控技术

7.1　城市饮食油烟自动在线监控基础技术

7.1.1　城市饮食油烟自动在线监控基础技术的产生

《饮食业油烟排放标准（试行）》（GB 18483—2001）规定饮食行业油烟的合法排放浓度上限是 2.0 mg/m³ 或 1.0 mg/m³，同时也规定了所有从事饮食业的单位应安装油烟净化设备等要求。《固定污染源废气　油烟和油雾的测定　红外分光光度法》（HJ 1077—2019）是我国饮食业油烟检测的现行唯一行业标准。该方法原理为：固定污染源废气中的油烟和油雾经滤筒吸附后，用四氯乙烯超声萃取，萃取液采用红外分光光度法测定。油烟和油雾含量由波数分别为 2930 cm⁻¹（—CH₂—基团中 C—H 键的伸缩振动）、2960 cm⁻¹（—CH₃—基团中 C—H 键的伸缩振动）和 3033 cm⁻¹（芳香环中 C—H 键的伸缩振动）谱带处的吸光度 A2930、A2960、A3030 进行计算。该方法为手工实验室的方法，其精密性、准确度、灵敏度较高，抗干扰能力较强，可信度较高。由于不能在样品采集现场检测，因此执法人员需现场采集样品送到实验室检测。实践发现，该实验室检测方法在实际工作中存在一定的局限性和不完备性：①整个检测过程复杂；②检测再现性差；③数据缺少实时性、连续性；④检测指标具有局限性；⑤未规定指导油烟采样滤筒的清洗方法以及去除滤筒中残留水分的方法。以上不足，导致饮食油烟偷排漏排现象长期无法监管到位。

21 世纪初，由于实验室手工测定油烟的烦琐性、滞后性等弊端，我国餐饮业逐渐兴起了饮食油烟自动在线监测技术。该技术利用传感器感知、移动互联网等技术实现餐馆的油烟废气实时监控，这套系统主要包含三大模块（图 7 - 1）：油烟监控仪、GPRS/4G无线传输系统和数据中心（包括 PC 端和手机端）。

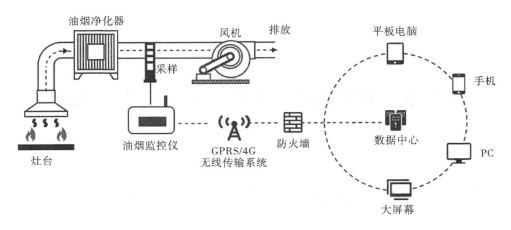

图7-1　油烟自动在线监控系统构成

7.1.2　城市饮食油烟自动在线监控采集技术

城市饮食油烟自动在线监控采集技术的载体是油烟监控仪。它是整个油烟监控系统的前端设备，其核心功能是自动地、周期性地完成饮食油烟浓度测量，并通过传输网络把数据上传至数据中心。油烟监控仪包括油烟浓度监控模块和油烟数据采集模块。监控模块可实时监控油烟浓度信息，通过总线连接到油烟数据采集模块；采集模块实时采集油烟浓度监控模块的数据，以及烟道风机和油烟净化器的工作状态和工作电流。根据餐馆规模大小可设置单烟道和多烟道等类型。

油烟数据采集模块与数据中心之间采用无线通信方式，传至数据中心 VPN 专网或者 Internet，利用神经网络等算法，存入数据库进行多种数据操作。

油烟监控仪主要完成油烟采集、数据保存上传至服务器的工作。其工作流程如图7-2所示，其具体结构设计分为硬件和软件两部分。

7.1.2.1　硬件部分的组成与实现

油烟监控仪把采集的油烟成分通过传感器转换成电信号，使用算法计算出直观的油烟浓度值，把多信号整合到一起，再通过总线、无线通信传输等功能完成数据的传输。通常油烟监控仪硬件主要包括油烟采集模块、测量模块、信号转换模块、控制模块、电源管理模块、通信模块、人

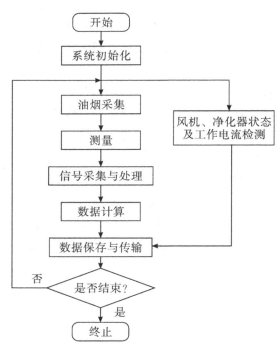

图7-2　系统工作流程

机接口模块、外围电路模块，其结构如图7-3所示。

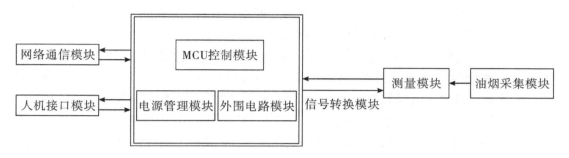

图7-3 油烟自动在线监控仪结构图

（1）油烟采集模块。油烟的采集方式多种多样，具体的采集方法需根据表征物特点选择。采集模块根据选用的采集方法，针对模块传感设备的需要进行相关集成。

（2）测量模块。根据油烟浓度检测方法的不同选取合适的测量模块，如果是化学分析法测量需要用到反应模块和传感器模块；如果是用电化学法或用光散射法测量，只需要用传感器模块。反应模块由阀、抽气泵、蠕动泵、显色皿、比色皿组成。通过控制系统控制阀的开合、抽气泵和蠕动泵的工作来控制单位时间采集的污染物当量，以及在收集瓶中发生化学反应的时间，实现对反应过程的控制。

（3）信号转换模块。其把接收到的信号通过交流电转换、放大、滤波、降噪得到所需的电信号。

（4）MCU控制模块。以单片机为核心，利用其丰富的外设接口和强大的数据处理能力进行数据的采集、存储和传输以及控制整个电路正常运作。

（5）电源管理模块。其用来提供微处理器和其他组成部分所需的电源。

（6）通信模块。其用于油烟监控仪与服务器间的数据传输。

（7）人机接口模块。其用于外接电压互感器、电流互感器、电子屏等所需设备。

（8）外围电路模块。其起到控制和辅助作用。

7.1.2.2 软件部分的实现

嵌入式软件和嵌入式系统密不可分，要结合实际开发需求，借助Keil、Visturl Studio等开发工具，通过对单片机的串口、SPI、I2C、时钟等外设的控制，实现数据的解析计算、数据的传输和存储、加密、运行逻辑、低功耗功能，确保系统稳定工作。

7.1.2.3 常见的饮食油烟采集技术

《饮食业油烟排放标准（试行）》（GB 18483—2001）和《固定污染源废气 油烟和油雾的测定 红外分光光度法》（HJ 1077—2019）规定的饮食油烟采集方法均为手工现场监测和实验室检测方法，难以实现全自动化的在线监测。全自动在线监测技术有许多优点：现场监测现场出数，全自动一体化，且成本低、测量周期短、可连续测量、便于大规模应用等。

实现全自动在线监控还需要确定饮食油烟中的待测物质。油烟浓度并不是油烟中某种具体成分的浓度，而是按照 GB 18483—2001 的测量定义，并依据指定方法测量的油烟中污染物的浓度，可称为油烟浓度或表征物浓度。

油烟采集需确定表征物，然后建立表征物浓度与油烟浓度之间的数学模型，表征物浓度需借助传感器的敏感元件及转换元件按照一定规律转换成"可用信号"并传输到数据分析及处理模块，通过算法计算出所需的油烟浓度。GB 18483—2001 和 HJ 1077—2019 文件均规定了油烟采集的一些标准，如采样位置、采样点、采样的时间和频次、采样方法等。规定使用的检测方法为红外分光光度法，在实践中存在一些局限性和不完备性，因此结合国内的实际情况，按照测量表征物的差异，可以有以下几种常用的油烟采集测量方法：一是以颗粒物作为表征物可以用光散射法测量；二是以挥发性有机物作为表征物可以用电化学法测量；三是以醛酮类作为表征物可以用化学分析法测量；四是以 VOCs 气体作为表征物可以用 PID 气体检测法测量。以下概述几种方法的测量原理。

（1）光散射法

光散射法的原理是当光束入射到不均匀媒介时，光的一部分被媒介散射，偏离原来的传播方向，剩下的一部分被媒介吸收，光仍按照原来的传播方向通过介质（图 7 - 4）。光的散射参数，如散射光强的空间分布、散射光能的空间分布、投射光强相对于入射光的衰减及散射光的偏振等，与颗粒的粒径密切相关，可以作为颗粒物粒径测量的尺度，计算颗粒物的浓度。光散射法颗粒浓度测量技术又分成两种：静态光散射法和散射聚焦法。

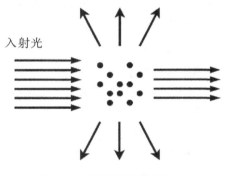

入射光

图 7 - 4 颗粒物测量原理

（i）根据散射角的大小，又可将静态光散射法分成前向光散射法和后向光散射法。

a. 前向光散射。前向光散射法的适用条件为单散射条件，故所测量的颗粒物浓度不能过大。当颗粒体积分数超过 2% 时，应考虑多散射影响。当颗粒浓度超过单散射条件时，散射光的形成机理则较为复杂，这时后向光散射法测量颗粒浓度有很大优势。

b. 后向光散射。后向散射法利用介质的辐射传输方程描述多散射过程，然后选取合适的边界条件对方程进行求解。后向光散射法的测量装置也比较简单，激光器和光探测器在同一侧，无须角度校准。

（ii）散射聚焦法也称作侧散射光汇聚法，是基于静态光散射法做出的改进，用于测量浓度较高的油烟颗粒群。散射聚焦法的探测区域非常大，可大大延长光感元件的清洗周期，油烟颗粒物群落进入激光散射区域后，散射光向多方向散射，通过汇聚反光板收集侧方向的散射光并汇聚到安装在另一侧边的光探测器。

（2）电化学法

电化学法是利用被测气体的电化学活性，在电极处将被测气体氧化或是还原，通过测电流计算出气体油烟浓度。特点是可准确测量空气中微量气体（mg/kg）的含量，可以检测 O_2、CO、H_2S、CO_2、SO_2、NH_3、HCN、HF 等腐蚀性或有毒气体浓度。

（i）传感器的结构设计：有两个或三个与电解液接触的电极，偶尔也有四个电极。典型电极由大表面积贵金属和多孔厌水膜组成，电极和电解液与周围空气接触，并由多孔膜监测。一般用矿物酸作电解液，但有些传感器也用有机电解液。常见的电化学传感器多采用多层厚膜制造工艺，在微型 Al_2O_3 陶瓷基片两面分别制作加热器和金属氧化物半导体气敏层。

（ii）工作原理：气体通过多孔膜表面扩散进入传感器的工作电极，在工作电极被氧化或还原。这种电化学反应会引起传感器电导率发生变化，不同气体在相同浓度下所对应的电导率不同，图 7－5 所示的为不同气体的灵敏度特性曲线，纵坐标表示传感器电阻比，横坐标表示不同浓度的气体。空气中该气体的浓度越高，传感器的电导率就越高，仅用简单的电路，就可以将电导率的变化转换成与该气体浓度相对应的信号输出。此类传感器对于烟雾、酒精、甲醛、甲苯、苯、酮类等油烟成分敏感，因此可测量挥发性有机物浓度。

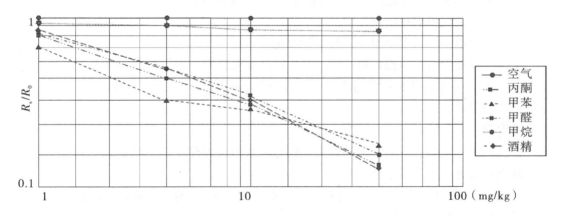

图 7－5　不同气体灵敏度特性曲线对比

R_0 ＝清洁空气中的传感器电阻值

R_s ＝各种浓度气体中的传感器电阻值

（3）化学分析法

经过油烟成分的分析，醛酮类有机物可作为油烟的表征物。因此，可用醛酮类的浓度表示油烟污染物浓度，油烟浓度的测量也就等效为油烟中醛酮类物质浓度的测量。测量过程如图 7－6 所示，其中蓝色线条表示反应过程，绿色线条表示清洗过程，橙色线条表示废液收集过程，最终通过分光光度计比色结合相关计算公式得到油烟浓度。

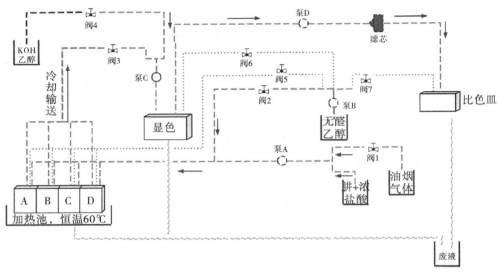

图 7-6　化学分析法油烟浓度测量过程

另外，按照萃取剂的类型，还可以分为以下几种监测方法：

（i）气相色谱法：其适用于被沸点为 36～69 ℃ 的烃类萃取且不被硅镁吸附，保留时间介于正癸烷和正四十烷之间，能被 FID 检测器检测的所有物质。

萃取剂：正戊烷或正己烷。

优点：可以同时对多个组分进行定量及定性分析。

缺点：仪器设备造价高，投入高，难以控制酯化效率，操作烦琐，技术要求高。

（ii）红外分光光度法：其适用于在波数 2930 cm^{-1}、12960 cm^{-1} 和 13030 cm^{-1} 处有特征吸收峰的物质。

萃取剂：四氯乙烯。

优点：灵敏度较高，不受油品影响。能够全面地检测样品中油类含量。

缺点：提纯四氯乙烯是技术难点。

（iii）非分散红外光度法：其适用于在波数 2930 cm^{-1} 处有特征吸收峰的物质。

萃取剂：S-316、H-997 等。

优点：灵敏度较高。

缺点：萃取剂价格昂贵，且属于氟氯烃类物质，无法分离油类物质与其他物质。

（iv）中红外激光光谱法：能被环己烷萃取且甲基中 C—H 键弯曲振动波数在 1370～1380 cm^{-1} 谱带处有特征吸收峰的物质。

萃取剂：环己烷。

优点：灵敏度较高。

缺点：单波长吸收，无法分离油类物质与其他物质。

（4）PID 气体检测法

（i）检测因子：挥发性有机物。

（ii）检测原理：有机气体在紫外光源的激发下会产生电离。PID 使用了一个 UV（紫外线）灯，有机物在紫外灯的激发下离子化，被离子化的"碎片"带有正负电荷，在极板的电场作用下离子和电子向板极撞击，从而形成可被检测的微弱电流。这些离子电流信号被高敏度微电流放大器放大后，一方面经数据采集模块采样后直接送到处理器，通过色谱分析平台对测量结果进行分析和处理；另一方面经电路放大和数据处理输出浓度等参数值。

（iii）特点

a. 非破坏性。由图 7-7 可以看出，被电离的气体分子在通过紫外放电灯电离区域后又被重组，离子重新复合成原本的气体，因此 PID 检测过的气体仍可被重新收集做进一步的检测。

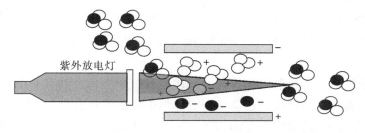

紫外放电灯

图 7-7 PID 气体检测工作图

b. 高灵敏度。此方法灵敏度高，可检测浓度极低的有机挥发性有机化合物和其他有毒气体。

7.1.3 城市饮食油烟异味监测技术的建立

7.1.3.1 城市饮食油烟异味特征

饮食油烟中的有害气体不仅会对人体健康造成危害，其释放的异味也会严重影响附近的人居环境。油烟异味备受社会关注，已成为迫切需要解决的大气污染问题。饮食油烟 VOCs 组分多而复杂，油烟异味问题不容易解决。研究城市油烟异味的特性，分析产生异味的主要组分，才能更加精准、高效地进行城市油烟污染防控和治理。

由于地域差异和食材、烹饪方式的差别，以及研究人员所采用的监测技术的差异和局限性，导致检测到的化合物差异较大，监测结果各有特点。

目前研究油烟中 VOCs 时，现场采样主要按照《固定污染源排气中颗粒物测定与气态污染物采样方法》（GB/T 16157—1996）、《固定源废气监测技术规范》（HJ/T 397—2007）或《环境空气质量手工监测技术规范》（HJ/T 194—2017）执行。分析方法以苏码罐（或气袋）采样-冷阱富集/气相色谱-质谱法最为普遍，按照《环境空气 挥发性有机物的测定 罐采样-气相色谱-质谱法》（HJ 759—2015）或"Determination Of Volatile Organic Compounds（VOCs）in Air Collected in Specially-prepared Canisters and Analyzed by Gas Chromatography/Mass Spectrometry（GC/MS）"（EPA TO-15）的要求，用苏码罐或气袋采样，经过大气预浓缩仪冷阱富集后进行气相色谱－质谱法（GC/MS）测定，对TO-15 和 PAMS 标气中的 107 种目标化合物进行定性定量分析。气体预浓缩仪具有二级或三级冷阱，毛细管色谱柱推荐 60 m × 0.25 mm，1.4 μm 膜厚（6% 氰丙基苯基－94% 聚二甲基聚硅氧烷固定液），或其他等效毛细管色谱柱。仪器条件参考如下：

（1）①一级冷阱。捕集温度：－150 ℃；捕集流速：100 mL/min；解析温度：10 ℃；阀温：100 ℃；烘烤温度：150 ℃；烘烤时间：15 min。②二级冷阱。捕集温度：－15 ℃；捕集流速：10 mL/min；捕集时间：5 min；解析温度：180 ℃；解析时间：3.5 min；烘烤温度：190 ℃；烘烤时间：15 min。③三级聚焦。聚焦温度：－160 ℃；解析时间：2.5 min；烘烤温度：200 ℃；烘烤时间：5 min。传输线温度：120 ℃。

（2）GC-MS 方法参数色谱柱。载气流量：1.0 mL/min。柱温箱：35 ℃保持 5 min；以 5 ℃/min 升至 150 ℃保持 7 min；以 10 ℃/min 升至 200 ℃保持 4 min。离子源温度 230 ℃。传输线温度 250 ℃。扫描范围：35～300 amu。各品牌仪器性能不同，实际研究中实验条件会有差异。

高效液相色谱法（二极管阵列检测器）测定醛、酮类化合物具有很好的选择性且灵敏度高，因此也常选择高效液相色谱法测定油烟中醛酮类化合物。《环境空气 醛、酮类化合物的测定 高效液相色谱法》（HJ 683—2014）的方法原理为，使用填充了涂渍 2,4-二硝基苯肼（DNPH）的采样管采集一定体积的空气样品，样品中的醛酮类化合物经强酸催化与涂渍于硅胶上的 DNPH 反应，生成稳定、有颜色的腙类衍生物，经乙腈洗脱后，使用高效液相色谱仪（HPLC）的紫外检测器（波长 360 nm）或二极管阵列检测器检测，保留时间定性，峰面积定量。参照《大气污染物无组织排放技术导则》（HJ/T 55—2000）和《环境空气质量手工监测技术规范》（HJ/T 194—2017）的相关规定进行采样，烟气采样器串联碘化钾臭氧去除柱和 2,4-二硝基苯肼（DNPH）采样柱进行采样，以 500 mL/min 的采样流速采集，采样后的 DNPH 柱两端密闭避光低温（< 4 ℃）保存，按照 HJ 683—2014 进行分析。高效液相色谱仪需具有紫外检测器或二极管阵列检测器和梯度洗脱功能，色谱柱推荐 C18 柱（4.60 mm × 250 mm，粒径 φ = 5.0 μm），或其他等效色谱柱。仪器条件参考如下：

流动相：乙腈/水，梯度洗脱，60% 乙腈保持 20 min，20～30 min 内，乙腈从 60% 线性增至 100%，30～32 min 内乙腈再减至 60%，并保持 8 min；检测波长：360 nm；流速：1.0 mL/min。各品牌仪器性能不同，实际研究中各实验室仪器条件会有差异。

基于上述检测方法开展的川、湘、粤、徽、东北等 12 种菜系和餐馆的油烟废气挥发性有机物成分研究表明，城市饮食油烟中异味物质组分复杂多样，以有机物为主，涵盖烷烃、烯烃、芳香烃、卤代烃、酯类、醛酮类、醚类和醇类等。综合各家研究结果，结合各地饮食习惯，研究油烟中不同菜系的主要异味组分及其组成特征，为后续建立符合当地饮食特点的油烟异味谱库，以及当地饮食油烟的监控和防治提供技术支撑。实验结果见表 7-1。

表7-1　饮食油烟主要异味组分和各类系特征化合物

类别	烷烃	烯烃	芳香烃	卤代烃	醛酮类	酸酯类	醇类	醛类	其他
湘菜	2-甲基丙烷、异戊烷、2,3-二甲基丁烷、正己烷、环己烷	丙烯、1,3-丁烯、α-派烯、三氯乙烯	苯、甲苯、间/对二甲苯、邻二甲苯、乙苯、三甲苯、1-乙基-2-甲基苯、苯乙烯	二氟二氯甲烷、氯甲烷、溴甲烷、三氯甲烷、1,2-二氯乙烷、1,1,1-三氯乙烷	甲醛、乙醛、丙醛、正丁醛、戊醛、甲基丙烯醛、庚醛、2-丁醛、辛醛、壬醛、丙酮	乙酸乙烯酯、甲基丙烯酸甲酯	乙醇	—	2-戊基呋喃
川菜	异戊烷、2,3-二甲基丁烷、环己烷、正戊烷、2-甲基丁烷、甲基环戊烷、2-甲基戊烷、3-甲基戊烷、正辛烷、正癸烷、2-甲基丙烷、异戊烷、3-甲基戊烷、正己烷、甲基环己烷、庚烷	丙烯、正丁烯、正壬烯、3-丁二烯、正庚烯	苯、甲苯、间/对二甲苯、乙苯、对二甲苯、间二乙苯、1-乙基-3-甲基苯、1,3,5-三甲基苯、对乙基甲苯、1,2,4-三甲苯、1,3-二甲苯、1,2,4-三氯苯	三氯氟甲烷、一氯甲烷、二氯甲烷	甲醛、乙醛、丙醛、戊醛、正丁醛、甲基-2-丁酮、丙烯-4-甲基-2-戊酮、丁烯醛、1-丁酮、2-己酮	乙酸乙酯、甲基丙烯酸甲酯	乙醇	—	四氢呋喃
徽菜	2,3-二甲基丁烷、正庚烷	丙烯	间/对二甲苯、邻二甲苯、乙苯、正丙苯、1,3,5-三甲基苯、对乙基甲苯、1,2,4-三甲基苯	三氯氟甲烷、1,2-二氯乙烷	—	乙酸乙烯酯、乙酸乙酯	—	—	—
粤菜	未见具体组分	α-派烯、三氯乙烯	苯、甲苯、间/对二甲苯、邻二甲苯、乙苯、三甲苯、苯乙烯	二氯甲烷	甲醛、乙醛、丙醛、丙烯醛、2-甲基丙烯醛、己醛、正丁醛、甲基丙烯醛、2-丁酮、壬醛、庚醛、烯醛、丙酮	乙酸丁酯、甲基丙烯酸甲酯	—	—	—

续表

	烷烃	烯烃	芳香烃	卤代烃	醛酮类	酸酯类	醇类	醚类	其他
东北菜	未见具体组分	α-蒎烯、三氯乙烯	苯、甲苯、间/对二甲苯、乙苯、邻二甲苯、乙苯、苯乙烯	二氯二氟甲烷、二氯四氟乙烷、四氯乙烷	丙烯醛、己醛、戊醛、正丁醛、庚烯醛、丙酮	—	—	—	2-戊基呋喃
苏菜	2-甲基丙烷、2,3-二甲基丁烷、正己烷、环己烷	丙烯	甲苯	溴甲烷、三氯甲烷		—	—	—	—
沪菜	丙烷、正丁烷、正戊烷、2-甲基戊烷、正己烷	丙烯、正丁烯	苯、甲苯	三氯甲烷	戊醛、正丁醛、己醛、丙酮、丙烯醛、1-丁醛	乙酸乙酯	乙醇	—	四氢呋喃
中式快餐店	丙烷、正丁烷、2-甲基丁烷、3-丁二烯、正癸烷、异戊烷、环戊烷、甲基环己烷、正庚烷、辛烷	丙烯、正丁烯、2,3-丁二烯、正戊烯、正庚烯	苯、甲苯	—	甲醛、乙醛、丙醛、己醛、戊醛、正丁醛、甲基丙烯醛、2-丁酮、苯甲醛、丙烯醛	乙酸乙酯	乙醇	—	—

	烷烃	烯烃	芳香烃	卤代烃	醛酮类	酸酯类	醇类	醚类	其他
西式快餐店	2-甲基丙烷、正丁烷、异戊烷、2,3-二甲基丁烷、正己烷、环己烷、3-甲基己烷、辛烷、壬烷	丙烯、正丁烯、正戊烯、1-己烯	苯、间/对二甲苯、乙苯	一氯甲烷、二氯氟甲烷、三氯氟甲烷、1,2-二氯乙烷	戊醛、正丁醛、2-丁酮、丙烯醛、丙酮、2-己酮	乙酸乙烯酯、乙酸乙酯、甲基丙烯酸甲酯	乙醇、丙醇	—	—
烧烤店	丙烷、正丁烷、2-甲基丙烷、正戊烷、甲基环戊烷、2,2-二甲基丁烷、2,3-三甲基丁烷、2-甲基戊烷、3-甲基戊烷、2,3-二甲基丁烷、正己烷、甲基环己烷、3-甲基己烷、辛烷、壬烷、癸烷、正十一烷、正十二烷	丙烯、正丁烯、1,3-丁二烯、顺-2-丁烯、反-2-丁烯、1-己烯、六氯丁二烯、正戊烯、庚烯	苯、甲苯、乙苯、异丙苯、1-乙苯、1-甲基苯、3-甲基苯、1,3,5-三甲基苯、对乙苯、1,2,4-三甲基苯、乙苯、萘	一氯甲烷、二氯氟甲烷、三氯氟甲烷、1,2-二氯乙烷、对二氯乙烯、溴甲烷、三氯氟甲烷、1,2-二氯乙烷	丁醛、戊醛、丙烯醛、正丁醛、丙酮、2-丁酮、2-己酮	乙酸乙烯酯、乙酸乙酯、甲基丙烯酸甲酯	乙醇	甲基叔丁基醚	四氢呋喃
东南亚风味餐厅	—	—	—	—	甲醛、乙醛、丙醛、正丁醛、戊醛、己醛、2-丁酮、丁烯醛	—	—	—	—
其他（小吃店等）	2-甲基丙烷、正丁烷、2,3-二甲基丁烷、环己烷	丙烯	间/对二甲苯、邻二甲苯、甲苯	三氯氟甲烷	甲醛、乙醛、丙醛、2-丁酮	乙酸乙酯	—	—	—

续表

	烷烃	烯烃	芳香烃	卤代烃	醛酮类	酸酯类	醇类	醚类	其他
总计（油烟废气中检出的VOCs组分）	丙烷、正辛烷、正癸烷、2-甲基丙烷、正丁烷、2,2-二甲基丁烷、异戊烷、正戊烷、丁基环戊烷、2,3-二甲基丁烷、2-甲基丁烷、3-甲基戊烷、正己烷、3-甲基己烷、环己烷、正庚烷、正壬烷、正十一烷、正十二烷、十五烷、十六烷	乙烯、丙烯、1,3-丁二烯、顺-2-丁烯、反-1-己烯、1-己烯、三氯乙烯、六氯丁二烯、辛烯、3-羟基辛烯	苯、甲苯、间/对二甲苯、乙苯、邻二甲苯、异丙苯、正丙苯、1-乙基-2-丁基苯、1-乙基-3-甲基苯、1,3,5-三甲苯、对乙基甲苯、1,2,4-三甲苯、萘	一氯甲烷、三氯氟甲烷、二氟二氯甲烷、1,2-二氯四氟乙烷、氯乙烯、二氯甲烷、溴甲烷、三氯氟乙烷、1,2-二氯乙烷、1,1,1-三氯乙烷、三氯甲烷	甲醛、乙醛、丙醛、烯醛、己醛、戊醛、丙烯醛、甲基丙烯醛、2-丁酮、丁烯醛、苯甲醛、4-甲基-2-戊酮、丙酮、八豆醛、异丙酮、环己酮、戊醛、壬醛、辛醛、2,4-癸二烯醛、香叶基丙酮	乙酸乙烯酯、乙酸乙酯、甲基丙烯酸甲酯、乙酸丁酯、邻苯二甲酸二丁酯、棕榈酸、油酸乙酯	乙醇、丙醇、丁醇、丁氧基丙醇、十六醇、2-乙基己醇、1-戊醇	甲基叔丁基醚	四氢呋喃、苯酚

7.1.3.2 城市饮食油烟异味监测技术初建

目前国内外对恶臭的常规检测方法主要为基于人工嗅辨的嗅觉测量方法，该方法人力投入大，分析效率低，无法满足生态环境管理部门对城市饮食油烟的管理需求，本小节引入一种更加高效和智能的异味监测技术。

1. 油烟异味监控技术研究

（1）电子鼻技术

电子鼻又称气味扫描仪，由气体收集系统、传感器、信号采集与处理电路这三个硬件部分和数据处理算法这一软件部分组成，系统组成结构如图 7-8 所示。电子鼻识别的主要机理是在阵列中的每个传感器对被测气体都有不同的灵敏度，利用各个气敏器件对复杂成分气体都有响应却又互不相同这一特点，借助数据处理方法对多种气味进行识别，从而对气味质量进行分析与评定，是一种模拟嗅觉功能的人工嗅觉仪器。

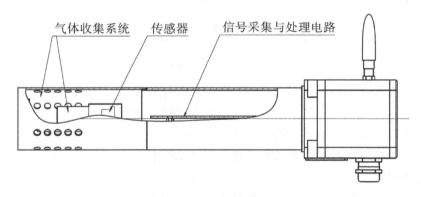

图 7-8 系统组成结构示意

气体收集系统用于气体的采集及预处理。电化学传感器会受测量气体温度的影响，因此采用扩散式的进气方式。颗粒物浓度的检测方式为光学法，故进气方式采用吸入式。预处理主要是对油烟进行物理过滤，避免大颗粒黏性油污对传感器造成损害。

传感器是电子鼻的核心部分，根据原理的类型，可以分为金属氧化物型、电化学型、导电聚合物型、质量型、光离子化型等多种类型。在同一个电子鼻系统中，可以根据工作需要，选择多个不同的传感器组成电子鼻传感器阵列，阵列中的每个传感器对不同气体的灵敏度不同，基于这种选择性，系统能根据整个传感器阵列的响应指纹实现智能化识别气味。目前，国内外市面上已有专门针对各类物质相应类型的电子鼻传感器，如对芳香成分、氮氧化合物、氢化物、短链烷烃芳香成分、甲基类、无机硫化物、有机硫化物、醇类、醛酮类、长链烷烃等分别具有高灵敏响应性或选择性的传感器。某品牌传感器种类和性能见表 7-2。

表 7 - 2　某品牌传感器种类和性能

传感器	性能描述	检测范围/（mL/m³）
WIC	对芳香烃成分灵敏	10
W5S	灵敏度高，对氮氧化合物灵敏	1
W3C	对芳香成分、氨类灵敏	10
W6S	主要对氢化物有选择性	100
W5C	对短链烷烃芳香成分灵敏	1
W1S	对甲基类灵敏	100
W1W	对无机硫化物灵敏	1
W2S	对醇类、醛酮类灵敏	100
W2W	对芳香成分、有机硫化物灵敏	1
W3S	对长链烷烃灵敏	100

　　信号采集与处理电路采用基于 ARM 的嵌入式硬件系统，实现对传感器信号进行采样、滤波、降噪、转换等处理后输入微处理器进行计算分析。

　　数据处理算法是电子鼻系统的软件部分，负责对电信号进行相应的数学变换，将电信号描述为具体的气体特征或嗅觉感官。

　　气体样品经过气体收集系统进入传感器阵列，被气敏传感器吸附后产生信号，信号被传送到信号处理系统处理后对分析结果做出判断。系统工作流程如图 7 - 9 所示。

　　饮食油烟由上百种化合物组成，组分复杂，且较大程度地受食材、烹饪方式等因素影响，这使得油烟异味的监控面临巨大挑战。通过所建立的饮食油烟异味谱库，根据油烟中的特征污染物类型进行传感器选型，监测目标精准，更有针对性。饮食油烟 VOCs 中醛酮类和烃类物质占比明显较高，这也是造成油烟异味的主要气体组分，因此选择以金属氧化物电化学气体传感器为核心的油烟电子鼻系统。采用多层厚膜制造工艺的电化学传感器，在微型 Al_2O_3 陶瓷基片两面分别制作加热器和金属氧化物半导体气敏层，该电化学传感器对醛类、酮类、烷烃类等多种油烟成分敏感。当可检知的气体存在时，空气中该气体的浓度越高，

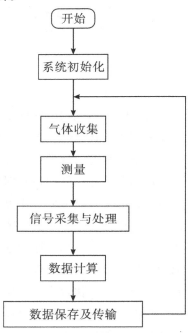

图 7 - 9　系统工作流程

传感器的电导率就越高。通过算法可将这种电导率的变化换算为气体浓度。为了检测油烟中颗粒物的浓度，还可以在电子鼻系统中集成颗粒物传感器。

（2）三点嗅袋法与电子鼻现场监测比对研究

（i）三点嗅袋法

目前国内外已建立两种标准的嗅觉测量方法。一种是静态嗅觉测量法，即三点嗅袋法，这种方法为日本的扰民恶臭控制法所采用，并被中国、韩国等国家引用；另一种是动态嗅觉测量法，这种方法在欧洲已经标准化，并广泛应用于欧洲各国以及美国、澳大利亚、新西兰等国家。

静态嗅觉测量法是将三只无臭袋中的两只充入无臭空气，另一只则按一定稀释比例充入无臭空气和被测臭气样品供嗅辨员嗅辨，最后根据嗅辨员的个人阈值和嗅辨小组成员的平均阈值，求得臭气浓度。日本体系嗅觉测定法就三点嗅袋法的嗅辨员筛选、样品处理、嗅辨程序、数据报告等建立了详细规则。

动态嗅觉测量法是嗅辨员通过各种嗅杯对空气或空气与废气混合物进行感官评价的方法。欧标中应用的动态嗅觉测量法，是通过向一个经过筛选的嗅辨小组提供一系列的洁净空气稀释后的各种浓度样本，来确定 50% 检测阈值的稀释倍数，标准规定在这个稀释倍数下的气味浓度为 1 OU/m^3。欧标体系嗅觉测定法就嗅辨员的挑选与管理、采样设备、稀释设备及校准、嗅辨程序、数据记录和报告等均建立了详细规则。

目前国内检测环境中异味的方法主要使用国家标准《空气质量 恶臭的测定 三点比较式臭袋法》（GB/T 14675—1993），该标准自 1993 年 9 月 18 日批准，1994 年 3 月 15 日开始实施，它的实施填补了我国恶臭监测分析的空白，对发展我国恶臭监测工作起到了积极的作用。与三点嗅袋法不同，电子鼻可在现场实时监测，时效性更高。

（ii）实验部分

a. 方法和仪器

本次比对研究的手工采样由具备臭气浓度检测资质的第三方检测公司采集样品和使用三点比较式臭袋法进行臭气浓度分析，现场检测选择三个厂家的电子鼻（A、B、C）设备。在现场监测人员明显感觉油烟异味时段，手工采样和现场电子鼻检测同时进行。

电子鼻 A：广州×虹环境科技有限公司电子鼻（型号 ZH-Y5110D-i）；检测指标为油烟浓度、臭气及颗粒物。

电子鼻 B：上海×塑电子科技有限公司芯片电子鼻（型号 NM1）；检测指标为气味强度。

电子鼻 C：北京××康安全设备制造有限公司电子鼻（型号 AMG-PRO）；检测指标为综合 OU 值（odour unit）、氨气、三甲胺、甲硫醇、硫化氢、甲硫醚、苯乙烯等物质。

b. 现场布点

布点原则：手工采样点与现场检测点在与污染源距离相同处，且相互间距相差不超过 0.5 米。

电子鼻比对实验一现场布点如图7-10所示。

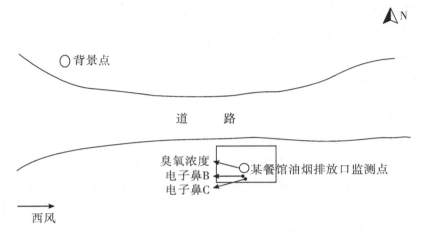

图7-10 电子鼻比对实验一现场布点

电子鼻比对实验二现场布点如图7-11所示。

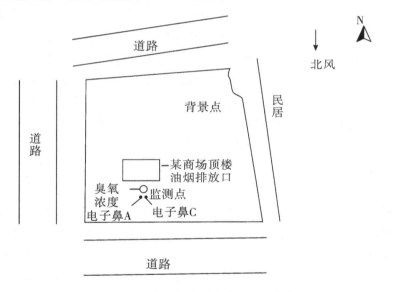

图7-11 电子鼻比对实验二现场布点

c. 结果讨论

本次研究主要比对手工监测臭气浓度结果与电子鼻A、B异味响应值及电子鼻C综合OU值,另外与电子鼻A监测的油烟浓度进行比对,比较油烟浓度与异味强度的关系。由于手工监测指标为臭气浓度,电子鼻C的综合OU值即恶臭浓度单位,因此选择电子鼻C的综合OU值与臭气浓度比对,未选择其他具体恶臭物质结果。

a) 第一次比对实验

选取广州市越秀区北京路某餐馆油烟排放口为监测点,采集臭气浓度样品,同时使用电子鼻 B 和电子鼻 C 进行现场监测，结果如图 7 - 12 至图 7 - 14 所示。

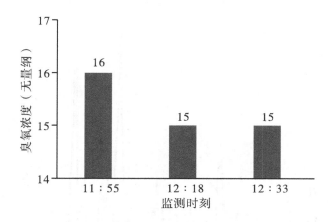

图 7 - 12　第一次比对实验三点比较式臭袋法臭气浓度监测结果

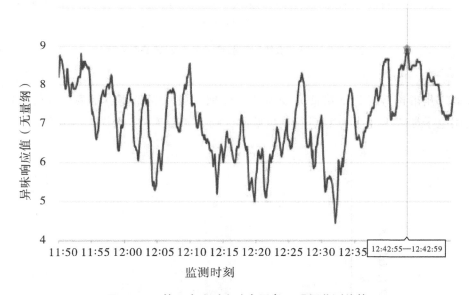

图 7 - 13　第一次比对实验电子鼻 B 现场监测趋势

监测结果显示，臭气浓度值为 15～16，由于臭气浓度为瞬时采样，只能作为某一时间点时环境中的臭气浓度。电子鼻 B 现场监测趋势图显示，OU 值大部分时间在 20 以下，与手工监测臭气浓度结果较相符，在个别时间段超过 20，在 12 时 26 分至 12 时 41 分之间出现两次显著高峰。说明用三点比较式臭袋法手工监测环境中的异味强度的时效性较低，连续性不强，电子鼻相对而言时效性更高。

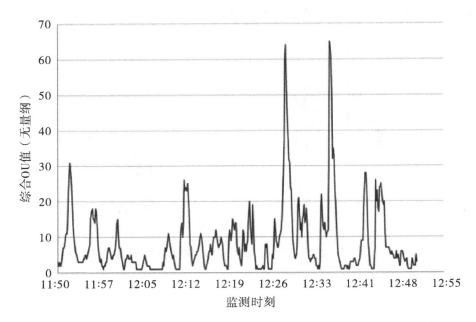

图7-14　第一次比对实验电子鼻C现场监测趋势

b）第二次比对实验

选取广州市越秀区北京路某商场顶楼一油烟排放口为监测点，采集臭气浓度样品，同时使用电子鼻A和电子鼻C进行现场监测，结果如图7-15至图7-18所示。

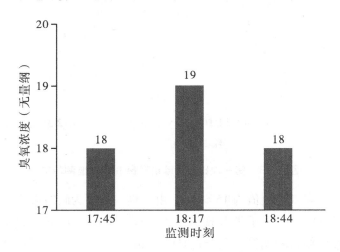

图7-15　第二次比对实验三点比较式臭袋法臭气浓度监测结果

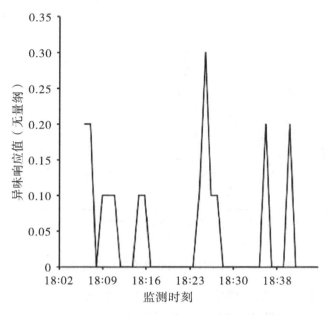

图 7 - 16　第二次比对实验电子鼻 A 臭气现场监测趋势

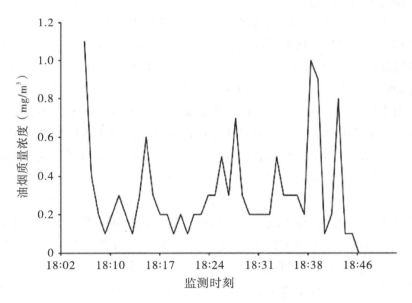

图 7 - 17　第二次比对实验电子鼻 A 油烟现场监测趋势

图 7 - 16 电子鼻 A 臭气现场监测趋势显示，在 18：09、18：16、18：24、18：36 和 18：40 出现了五次明显的峰值。图 7 - 17 电子鼻 A 油烟现场监测趋势显示，油烟浓度变化范围较大，在 18：10 至 18：16、18：24 至 18：27、18：30 至 18：45 三个时段出现明显的峰值。图 7 - 18 电子鼻 C 现场趋势显示，监测点的综合 OU 值监测背景值在 20 左

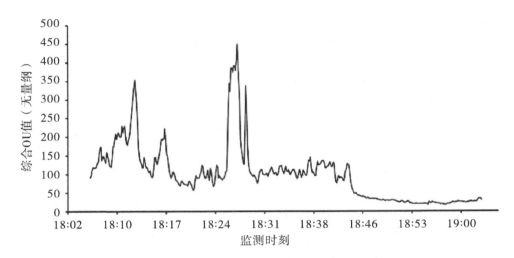

图 7-18　第二次比对实验电子鼻 C 现场监测趋势

右，大部分时间超过 100，最大值达到 449，在 18：10 至 18：15、18：17 和 18：27 至 18：29 三个时段出现三次明显的峰值。对电子鼻 A 与电子鼻 C 对臭气的响应程度进行比较，前者更接近油烟浓度趋势。

从图 7-15 看出，三次（监测时间依次为 17：45、18：17 和 18：44）臭气浓度监测结果在 18 与 19 之间切换，仅表示这三个时刻的异味水平不高，有检出但未超过《恶臭污染物排放标准》（GB 14554-93）中臭气浓度限值 20 的要求，评价具有一定的局限性。三点嗅袋法无法表征监测时段内的变化趋势，监测时间内未能采集全代表时段的臭气样品，且由于油烟中成分复杂，可能存在油烟浓度高时而异味不强的情况，导致油烟浓度的高低不一定能准确反映环境中异味强度的变化。这就不难解释不少油烟异味投诉案例存在的这种情况：居民反映某餐馆油烟扰民，但是执法部门到现场监测时却发现该餐馆的油烟浓度排放是达标的。

c）小结

上述监测现象的成因，很可能是三点比较式臭袋法监测环节相对于电子鼻监测环节较多，同时还受运输、保存和实验室检测环节的实验环境和嗅辨员阈值的影响等。此外，现场监测使用气袋或气瓶收集到的油烟气多为肉眼未见的气溶胶，这些气溶胶很可能粘附于袋子或瓶子内壁，造成监测结果偏低。由此可见，三点嗅袋法的弊端显而易见，电子鼻在异味监测方面更具优势。

（3）油烟浓度在线监测仪与电子鼻现场监测比对研究

①研究区域

选取两个距离非常接近的监控点，分别用电子鼻和油烟浓度在线监测仪进行为期 13 天（2021 年 12 月 31 日—2022 年 1 月 12 日）的油烟异味（臭气响应度）和油烟浓度的 24 小时在线监测。其选点情况如图 7-19 所示。

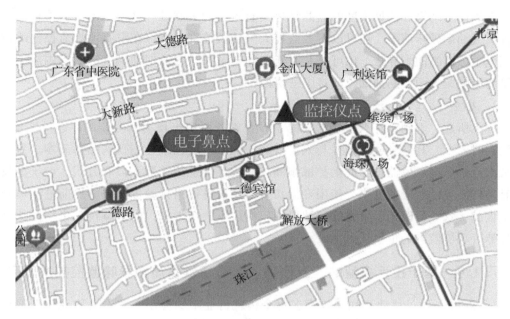

图 7 - 19　电子鼻与油烟浓度在线监控仪位置示意

监测指标：臭气响应度（电子鼻）、油烟浓度（油烟浓度在线监控仪）

②数据表征

通过 13 天的数据采集，并进行同时间段的油烟浓度和臭气响应度的趋势对比，研究结果如图 7 - 20 所示。

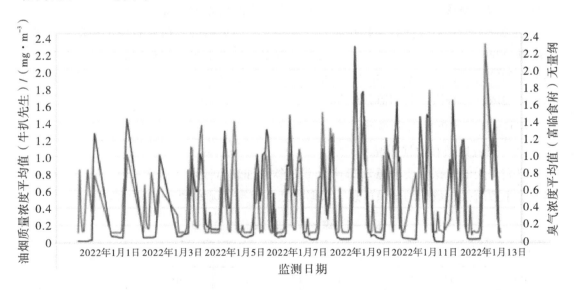

图 7 - 20　油烟浓度和臭气响应度趋势

监测结果显示，臭气响应度和油烟浓度每日波峰和波谷趋势高度一致，即油烟臭气响应度的监测结果和油烟浓度的监测结果具有较强的关联性。这说明电子鼻不仅能有效监控大气油烟异味情况，还可以有效监控大气油烟浓度情况。在没有油烟监控仪的情况下用电子鼻监测油烟异味，也可以及时获取和记录瞬时或长期油烟气味对周围居民居住环境的影响，从而预测油烟扩散对居民的影响。

2. 小结

综上所述，不同于三点嗅袋法，电子鼻技术既可用于现场瞬时监测，亦可实现 24h 在线实时监控，其臭气分析结果与人工嗅辨、油烟浓度在线监测仪的结果基本一致，能实现大范围、多点位监控与油烟扩散预测。相较于传统的监测手段和方式，电子鼻技术具有结构简单、响应速度快、使用寿命长、成品设备价格低廉等优势。目前电子鼻技术已在食品、农业、医药、生物等领域得到广泛应用，在未来，电子鼻技术也将是饮食油烟异味等环境监测的重要技术手段。

7.1.4 基于投诉模型的"互联网＋"智慧饮食油烟异味监控技术研究

"互联网＋"是移动互联网技术在每个传统行业中的应用，它不是移动互联网技术与传统行业的简单相加，而是移动互联网技术和每个传统行业之间相互深度融合后形成的新的发展模式。互联网技术有效地融入社会、经济、生活等应用领域当中，增强了整个社会的创新能力和生产力，并形成了一种新的经济发展形式。国家也已经将"互联网＋"技术与传统产业的融合上升到了国家战略地位。2016 年初，国家发改委发布了《"互联网＋"绿色生态三年行动实施方案》，要求推动互联网与生态文明建设深度融合，实现污染物监测及信息发布系统，形成覆盖主要生态要素的资源环境承载能力动态监测网格，实现生态环境数据的互联互通和开放共享。城市中的餐馆遍布各个角落，油烟污染随处可见，且油烟污染成分复杂，这给环境监管带来了很大的难度。建立一个基于投诉模型的"互联网＋"智慧油烟异味监控平台，拓展人民群众表达利益诉求的渠道，可以很好地改善或解决监测和监管难题。

7.1.4.1 投诉模型数据源

（1）研究区域和数据概况

研究采用的数据主要来源 2021 年布设的饮食油烟监控点（表 7－3）。另一方面的数据来源于政府投诉数据的记录信息，数据源基本分布情况如表 7－4 所示。

表 7－3　深×市×安区油烟排放强度

点源 ID	经度/(°)	纬度/(°)	UTM-x/m	UTM-y/m	排放强度/(g·s^{-1})
P001	113.9318	22.5858	801462	2500630	0.000384
P002	113.9253	22.5769	800805	2499634	0.000775
P003	113.8859	22.5553	796801	2497157	0.000332

点源 ID	经度/(°)	纬度/(°)	UTM-x/m	UTM-y/m	排放强度/(g·s^{-1})
P004	113.9074	22.5791	798961	2499844	0.001040
P005	113.9151	22.5883	799737	2500876	0.000135
P006	113.9111	22.5750	799356	2499399	0.000470
P007	113.8891	22.5715	797100	2498967	0.000904
P008	113.9220	22.5743	800475	2499335	0.000774
P009	113.8619	22.6136	794208	2503569	0.000609
P010	113.9027	22.5775	798479	2499649	0.001040
P011	113.9024	22.5815	798438	2500092	0.001300
P012	113.9052	22.5809	798733	2500036	0.000661
P013	113.9024	22.5696	798465	2498782	0.000363
P014	113.8844	22.5686	796618	2498628	0.000877
P015	113.9055	22.5836	798757	2500334	0.001010
P016	113.9240	22.5750	800676	2499421	0.001160
P017	113.9070	22.5718	798934	2499033	0.000623
P018	113.9114	22.5720	799390	2499060	0.000478
P019	113.9131	22.5716	799563	2499018	0.000315
P020	113.9127	22.5725	799520	2499123	0.000808
P021	113.8941	22.6132	797521	2503590	0.000689
P022	113.8549	22.5795	793564	2499777	0.000524
P023	113.8885	22.5811	797008	2500027	0.001010
P024	113.9067	22.5849	798873	2500486	0.000561
P025	113.8900	22.5867	797159	2500648	0.000797
P026	113.9358	22.6801	801659	2511084	0.000504
P027	113.8655	22.5762	794656	2499436	0.000491
P028	113.8701	22.5901	795102	2500986	0.000278
P029	113.8967	22.5902	797838	2501055	0.000735

点源 ID	经度/(°)	纬度/(°)	UTM-x/m	UTM-y/m	排放强度/$(g \cdot s^{-1})$
P030	113.8885	22.5869	796995	2500669	0.000317
P031	113.8727	22.5681	795419	2498549	0.000359
P032	113.8700	22.5745	795118	2499252	0.000708
P033	113.8339	22.6783	791189	2510681	0.001980
P034	113.8664	22.6435	794609	2506890	0.000773
P035	113.8514	22.6171	793124	2503943	0.000092
P036	113.8502	22.6558	792915	2508231	0.001550
P037	113.8308	22.7013	790822	2513227	0.000336
P038	113.8331	22.6767	791114	2510505	0.001990
P039	113.8059	22.7338	788200	2516784	0.000312
P040	113.7930	22.6890	786966	2511791	0.000611
P041	113.8222	22.7066	789928	2513803	0.000278
P042	113.9171	22.5668	799981	2498502	0.000662
P043	113.8019	22.6817	787896	2511004	0.000329
P044	113.8098	22.7129	788643	2514467	0.001130
P045	113.8016	22.7060	787808	2513696	0.000888
P046	113.9017	22.5829	798368	2500246	0.000412
P047	113.8584	22.7708	793510	2520986	0.001590
P048	113.8529	22.7749	792939	2521425	0.000619
P049	113.8558	22.7556	793272	2519295	0.000092
P050	113.8469	22.7825	792306	2522251	0.000924
P051	113.8873	22.5529	796947	2496898	0.000734
P052	113.8634	22.7669	794035	2520557	0.000477
P053	113.8069	22.7376	788290	2517208	0.000693
P054	113.7944	22.7276	787030	2516068	0.001110
P055	113.8222	22.7066	789928	2513803	0.000301
P056	113.8014	22.7142	787777	2514600	0.000471
P057	113.8620	22.6134	794219	2503547	0.001460

点源 ID	经度/(°)	纬度/(°)	UTM-x/m	UTM-y/m	排放强度/(g·s^{-1})
P058	113.8046	22.7228	788084	2515554	0.002350
P059	113.8179	22.7253	789449	2515859	0.000046
P060	113.8120	22.7368	788816	2517121	0.000666
P061	113.8184	22.7385	789470	2517323	0.000367
P062	113.8151	22.7313	789145	2516523	0.002030
P063	113.8894	22.5690	797128	2498685	0.000779
P064	113.7863	22.7255	786196	2515827	0.000814
P065	113.8250	22.7527	790114	2518914	0.002710
P066	113.8485	22.7201	792599	2515348	0.000313
P067	113.8425	22.7237	791982	2515734	0.000278
P068	113.8485	22.7411	792559	2517667	0.000278
P069	113.8578	22.7721	793450	2521129	0.001550
P070	113.8328	22.7222	790986	2515553	0.000390
P071	113.9295	22.7001	800975	2513295	0.000772
P072	113.8867	22.5534	796884	2496950	0.000280
P073	113.9714	22.7124	805249	2514739	0.000585
P074	113.8938	22.5544	797620	2497080	0.000561
P075	113.8983	22.5870	798011	2500702	0.000280
P076	113.9045	22.5722	798683	2499066	0.004090
P077	113.9070	22.5852	798904	2500517	0.000625
P078	113.9047	22.5875	798670	2500767	0.000872
P079	113.9053	22.5879	798729	2500815	0.000407
P080	113.9053	22.5878	798731	2500807	0.000444
P081	113.8525	22.5965	793276	2501659	0.000092
P082	113.9050	22.5717	798732	2499020	0.000518
P083	113.9367	22.6807	801755	2511157	0.000716
P084	113.9367	22.6807	801755	2511157	0.000335
P085	113.8544	22.6021	793459	2502286	0.000903

点源 ID	经度/(°)	纬度/(°)	UTM-x/m	UTM-y/m	排放强度/(g·s^{-1})
P086	113.8811	22.5831	796248	2500237	0.000706
P087	113.8625	22.6117	794270	2503367	0.000608
P088	113.8621	22.6131	794231	2503522	0.001080
P089	113.8788	22.6100	795950	2503213	0.001200
P090	113.9036	22.5781	798572	2499724	0.000278
P091	113.8450	22.6116	792469	2503314	0.000390
P092	113.8421	22.6353	792124	2505939	0.000909
P093	113.8447	22.6322	792393	2505604	0.000855
P094	113.8071	22.7134	788358	2514524	0.000265
P095	113.8293	22.6792	790712	2510773	0.000671
P096	113.8281	22.6820	790588	2511090	0.001270
P097	113.8338	22.6763	791179	2510462	0.000779
P098	113.8261	22.6744	790393	2510244	0.000252
P099	113.8156	22.6697	789326	2509696	0.000633
P100	113.9147	22.5855	799697	2500564	0.000491
P101	113.7965	22.6859	787329	2511453	0.000559
P102	113.8070	22.6883	788400	2511742	0.000555
P103	113.8240	22.6965	790134	2512680	0.001350
P104	113.8165	22.6690	789425	2509617	0.000196
P105	113.8157	22.6695	789333	2509672	0.000498
P106	113.8212	22.6741	789896	2510195	0.000070
P107	113.8050	22.7268	788119	2516009	0.000469
P108	113.8310	22.7599	790715	2519725	0.000888
P109	113.8092	22.7655	788472	2520297	0.000644
P110	113.8048	22.7407	788062	2517539	0.000974
P111	113.8182	22.7446	789439	2517998	0.001430
P112	113.8359	22.7157	791312	2514829	0.002000
P113	113.8629	22.7449	794026	2518120	0.000284

点源 ID	经度/(°)	纬度/(°)	UTM-x/m	UTM-y/m	排放强度/(g·s^{-1})
P114	113.8664	22.7287	794424	2516339	0.001360
P115	113.8369	22.7407	791363	2517609	0.000930
P116	113.8706	22.7347	794846	2517006	0.002040
P117	113.8400	22.7174	791733	2515031	0.002460
P118	113.8438	22.7672	792014	2520551	0.001350
P119	113.8536	22.7698	793022	2520867	0.000658
P120	113.8412	22.7709	791745	2520961	0.000556
P121	113.8445	22.7757	792071	2521497	0.000849
P122	113.8658	22.8139	794175	2525775	0.001820
P123	113.8475	22.8245	792278	2526912	0.000912
P124	113.9179	22.6659	799851	2509478	0.000521
P125	113.9484	22.6836	802951	2511505	0.000527
P126	113.9396	22.6735	802065	2510371	0.001170
P127	113.9350	22.6800	801579	2511080	0.000725
P128	113.9563	22.6862	803754	2511812	0.000343
P129	113.9287	22.6829	800922	2511384	0.000940
P130	113.9351	22.6886	801573	2512030	0.001350
P131	113.9330	22.6747	801384	2510488	0.000389
P132	113.8642	22.5770	794525	2499523	0.000892
P133	113.7908	22.7386	786630	2517286	0.000918
P134	113.8498	22.6923	792794	2512265	0.001660
P135	113.8536	22.7274	793107	2516164	0.001070
P136	113.8655	22.6100	794588	2503178	0.002930
P137	113.9117	22.5825	799400	2500227	0.001530
P138	113.9095	22.5838	799169	2500365	0.001340
P139	113.9032	22.5938	798497	2501459	0.000659
P140	113.9006	22.5957	798231	2501664	0.003990
P141	113.9186	22.5847	800104	2500481	0.002530

点源 ID	经度/(°)	纬度/(°)	UTM-x/m	UTM-y/m	排放强度/(g·s^{-1})
P142	113.9046	22.5719	798693	2499041	0.000772
P143	113.9150	22.5736	799758	2499250	0.000436
P144	113.8957	22.5813	797754	2500065	0.000530
P145	113.8934	22.5863	797510	2500614	0.000949
P146	113.8859	22.5951	796720	2501573	0.005650
P147	113.8936	22.5828	797535	2500226	0.000799
P148	113.8691	22.8082	794526	2525147	0.000450
P149	113.9250	22.6747	800569	2510466	0.000545
P150	113.8343	22.6739	791238	2510196	0.000696
P151	113.8930	22.5841	797471	2500372	0.001580
P152	113.8736	22.7656	795081	2520437	0.001750
P153	113.8725	22.8017	794889	2524436	0.001420
P154	113.8947	22.5611	797697	2497822	0.000692
P155	113.9147	22.5855	799697	2500564	0.002340
P156	113.8994	22.5773	798140	2499629	0.000625
P157	113.8852	22.5904	796657	2501051	0.001240
P158	113.9073	22.5858	798936	2500588	0.000666
P159	113.8968	22.5913	797840	2501176	0.000708
P160	113.9104	22.5703	799294	2498868	0.001100
P161	113.8959	22.5907	797758	2501106	0.000553
P162	113.9161	22.5870	799835	2500735	0.000041
P163	113.9040	22.5774	798619	2499650	0.001220
P164	113.9123	22.5831	799462	2500290	0.001500
P165	113.9066	22.5731	798894	2499175	0.003250
P166	113.9088	22.5845	799096	2500444	0.000871
P167	113.9097	22.5824	799192	2500210	0.000383
P168	113.8527	22.7979	792868	2523978	0.000524
P169	113.9535	22.6848	803472	2511650	0.000958

点源 ID	经度/(°)	纬度/(°)	UTM-x/m	UTM-y/m	排放强度/(g·s^{-1})
P170	113.8918	22.5852	797345	2500490	0.004730
P171	113.8999	22.5787	798194	2499786	0.001720
P172	113.8554	22.6295	793502	2505322	0.000608
P173	113.9194	22.5766	800207	2499587	0.000920
P174	113.9131	22.5838	799538	2500378	0.000842
P175	113.9056	22.5840	798767	2500386	0.000426
P176	113.9107	22.5756	799305	2499456	0.000264
P177	113.9056	22.5712	798798	2498967	0.000477
P178	113.8404	22.6095	792003	2503081	0.000452
P179	113.8918	22.5880	797340	2500795	0.001680
P180	113.8918	22.5880	797340	2500795	0.003100
P181	113.7995	22.6824	787648	2511074	0.000317
P182	113.7961	22.6874	787281	2511616	0.000493

表7-4　各街道监控点分布和每月投诉情况数据统计

街道	监控点	投诉数据										
		1月	2月	4月	5月	6月	7月	8月	9月	10月	11月	12月
西×街道	32	45	36	67	82	41	60	50	61	52	77	38
航×街道	6	3	1	7	11	5	5	2	5	4	8	3
×永街道	9	9	7	20	11	5	5	25	17	10	23	11
×海街道	15	3	8	12	10	8	6	10	13	21	14	6
沙×街道	23	13	13	15	5	5	10	11	9	7	15	7
×桥街道	8	9	8	18	12	5	4	16	17	10	16	15
松×街道	16	1	5	16	12	22	15	15	14	9	14	7
燕×街道	6	0	0	3	2	4	4	2	2	6	5	4
石×街道	17	8	4	8	11	5	14	20	15	10	19	8

注：由于3月统计异常，故剔除数据。

（2）数据预处理

根据监控设备的原始数据进行质量控制，所做的工作包括：

①对监测历史数据进行质量控制，剔除异常值和缺失值；

②对监测点的历史异常数据剔除后进行每日平均值处理（从2021年1月1日的数据开始获取），并获取每日最大值，最终的数据共61037条，得到的样本数据结果见表7-5（每月只取10行数据作为样本展示，其中排放状态参考深×市油烟排放地方标准：超过2.0 mg/m³为差，1.0～2.0 mg/m³为良，小于1.0 mg/m³为优）；

③数据安全处理，针对监测点进行了监控点名称虚拟化，采用S×××的名称进行代替，保护企业相关隐私。

表 7-5　采集数据处理后的样本

区域	监控点名称	排放状态	出口浓度/(mg·m⁻³)	监测日期	日最大小时浓度均值/(mg·m⁻³)
松×街道	S35	优	0.69	2021-01-01	1.537
×安街道	S67	优	0.25	2021-01-01	0.945
松×街道	S33	优	0.12	2021-01-01	0.254
沙×街道	S29	优	0.25	2021-01-01	1.75
沙×街道	S24	优	0.09	2021-01-01	0.787
×桥街道	S27	优	0.07	2021-01-01	0.225
松×街道	S137	优	0.56	2021-01-01	1.03
石×街道	S68	优	0	2021-01-01	0.011
石×街道	S32	优	0.1	2021-01-01	0.1
沙×街道	S88	优	0.98	2021-01-01	1.89
×安街道	S156	优	0.47	2021-02-01	1.222
×安街道	S63	优	0.2	2021-02-01	0.2
×安街道	S86	优	0.65	2021-02-01	1.28
航×街道	S82	优	0.06	2021-02-01	0.12
×安街道	S100	优	0.45	2021-02-01	1.518
西×街道	S85	优	0.53	2021-02-01	1.368
×安街道	S16	优	0.13	2021-02-01	0.692
西×街道	S38	优	0.26	2021-02-01	1.35
×安街道	S17	优	0.15	2021-02-01	0.967
×安街道	S59	优	0.25	2021-02-01	0.603
松×街道	S168	优	0.65	2021-03-01	0.817

续表

区域	监控点名称	排放状态	出口浓度/(mg·m⁻³)	监测日期	日最大小时浓度均值/(mg·m⁻³)
松×街道	S169	优	0.13	2021－03－01	0.295
沙×街道	S89	优	0.23	2021－03－01	0.99
松×街道	S35	优	0.09	2021－03－01	0.2
松×街道	S34	优	0.14	2021－03－01	1.212
×安街道	S67	优	0.01	2021－03－01	0.092
松×街道	S33	优	0.05	2021－03－01	0.226
沙×街道	S24	优	0.12	2021－03－01	0.323
沙×街道	S30	优	0.1	2021－03－01	0.297
×桥街道	S27	优	0.01	2021－03－01	0.032
松×街道	S168	优	0.57	2021－04－01	0.698
沙×街道	S19	优	0.32	2021－04－01	1.88
沙×街道	S89	优	0.18	2021－04－01	0.378
松×街道	S34	优	0.05	2021－04－01	0.238
×安街道	S67	优	0	2021－04－01	0.007
松×街道	S33	优	0.6	2021－04－01	1.86
沙×街道	S24	优	0.17	2021－04－01	0.778
福×街道	S105	优	0.18	2021－04－01	1.73
沙×街道	S30	优	0.3	2021－04－01	1.565
×桥街道	S27	优	0.1	2021－04－01	0.369
松×街道	S168	优	0.67	2021－05－01	0.973
松×街道	S169	优	0.04	2021－05－01	0.16
沙×街道	S19	优	0.15	2021－05－01	0.671
松×街道	S35	优	0.44	2021－05－01	0.6
松×街道	S34	优	0.21	2021－05－01	0.591
×安街道	S67	优	0.07	2021－05－01	0.368
松×街道	S33	优	0.42	2021－05－01	1.505
沙×街道	S24	优	0.03	2021－05－01	0.11

续表

区域	监控点名称	排放状态	出口浓度/(mg·m⁻³)	监测日期	日最大小时浓度均值/(mg·m⁻³)
×海街道	S105	优	0.11	2021－05－01	0.218
×桥街道	S27	优	0.07	2021－05－01	0.22
松×街道	S169	优	0.28	2021－06－02	0.35
×桥街道	S27	优	0.22	2021－06－02	1.898
沙×街道	S30	优	0.39	2021－06－02	0.97
×安街道	S67	优	0.02	2021－06－02	0.119
松×街道	S35	优	0	2021－06－02	0.003
沙×街道	S89	优	0.27	2021－06－02	0.755
沙×街道	S19	优	0.1	2021－06－02	0.365
松×街道	S168	优	0.56	2021－06－02	1.1
沙×街道	S18	优	0.21	2021－06－02	1.243
×永街道	S75	优	0.28	2021－06－02	0.622
航×街道	S176	优	0.24	2021－07－01	0.244
×永街道	S74	优	0.1	2021－07－01	0.1
西×街道	S38	优	0	2021－07－01	0
×安街道	S59	优	0	2021－07－01	0
×安街道	S50	优	0.52	2021－07－01	1.554
×安街道	S102	优	0.26	2021－07－01	0.668
×海街道	S104	差	1.04	2021－07－01	2.833
×安街道	S59	优	0	2021－07－02	0
×安街道	S5	优	0.1	2021－07－02	0.1
×安街道	S93	优	0	2021－07－02	0
×安街道	S100	优	0.12	2021－08－01	0.639
航×街道	S82	优	0.7	2021－08－01	1.314
×安街道	S86	优	0.6	2021－08－01	0.78
×安街道	S63	优	0.26	2021－08－01	0.581
×安街道	S95	优	0.52	2021－08－01	0.991

续表

区域	监控点名称	排放状态	出口浓度/(mg·m⁻³)	监测日期	日最大小时浓度均值/(mg·m⁻³)
×安街道	S187	优	0.19	2021 – 08 – 01	0.467
×安街道	S156	优	0.24	2021 – 08 – 01	0.459
西×街道	S116	优	0.34	2021 – 08 – 01	0.745
×安街道	S92	优	0.49	2021 – 08 – 01	0.723
西×街道	S61	优	0.37	2021 – 08 – 01	1.497
西×街道	S85	优	0.75	2021 – 09 – 01	—
航×街道	S82	优	0.91	2021 – 09 – 01	1.792
×安街道	S86	优	0.52	2021 – 09 – 01	0.79
×安街道	S63	优	0.45	2021 – 09 – 01	0.15
×安街道	S95	优	0.39	2021 – 09 – 01	0.911
×安街道	S196	差	0.6	2021 – 09 – 01	2.483
×桥街道	S198	差	0.34	2021 – 09 – 01	3.6
×桥街道	S189	差	1.69	2021 – 09 – 01	2.098
燕×街道	S195	差	1.23	2021 – 09 – 01	5.015
燕×街道	S192	差	0.96	2021 – 09 – 01	3.25
×永街道	S73	优	0.15	2021 – 10 – 01	0.335
石×街道	S133	优	0.73	2021 – 10 – 01	1.882
×安街道	S5	优	0.15	2021 – 10 – 01	0.385
×安街道	S3	优	0.3	2021 – 10 – 01	0.582
×安街道	S151	优	0.11	2021 – 10 – 01	0.188
×安街道	S52	优	0.11	2021 – 10 – 01	0.43
×安街道	S152	优	0.03	2021 – 10 – 01	0.108
×安街道	S47	优	0.79	2021 – 10 – 01	1.222
×安街道	S49	优	0.05	2021 – 10 – 01	0.51
沙×街道	S18	优	0.16	2021 – 11 – 01	0.589
沙×街道	S28	优	0.48	2021 – 11 – 01	1.672

区域	监控点名称	排放状态	出口浓度/(mg·m⁻³)	监测日期	日最大小时浓度均值/(mg·m⁻³)
×永街道	S75	优	0.73	2021-11-01	1.64
×海街道	S188	优	0.21	2021-11-01	0.563
×桥街道	S90	优	0.06	2021-11-01	0.207
西×街道	S45	优	0.18	2021-11-01	0.473
西×街道	S12	优	0.19	2021-11-01	0.866
西×街道	S145	优	0.27	2021-11-01	0.6
×安街道	S16	优	0.13	2021-11-01	0.508
西×街道	S38	优	0.11	2021-11-01	0.158
×安街道	S78	差	0.68	2021-12-01	3.43
沙×街道	S123	差	0.83	2021-12-01	3.163
沙×街道	S120	优	0.19	2021-12-01	0.37
沙×街道	S121	优	0.4	2021-12-01	1.043
×桥街道	S163	优	0.32	2021-12-01	0.868
×桥街道	S198	优	0.36	2021-12-01	1.132
×桥街道	S189	优	0.27	2021-12-01	0.488
×桥街道	S161	优	0.21	2021-12-01	1.279
松×街道	S138	优	0.21	2021-12-01	0.485
松×街道	S170	优	0.41	2021-12-01	0.863

7.1.4.2 数据因子相关性分析研究

（1）数据说明

①将投诉结果与实际监控点和日期进行匹配，形成因子分析表。

②其中输入因子为区域、排放状态、日均值、最大值，输出因子为是否投诉，数据样板见表 7-6。

表 7-6 相关分析数据样板

监控点	区域ᵃ	排放状态ᵇ	日均值	最大值	是否投诉ᶜ	日期
S148	1	1	0.17	0.43	0	2021-01-01
S75	3	1	0.74	1.45	0	2021-01-01

监控点	区域[a]	排放状态[b]	日均值	最大值	是否投诉[c]	日期
S45	1	1	0	0.008	0	2021 – 01 – 01
S177	1	1	0.57	1.437	0	2021 – 01 – 01
S37	1	1	0.23	1.251	0	2021 – 01 – 01
S40	2	1	0.01	0.1	0	2021 – 01 – 01
S14	3	1	0.35	1.011	0	2021 – 01 – 01
S6	3	1	0.89	1.868	0	2021 – 01 – 01
S73	3	1	0.18	0.278	0	2021 – 01 – 01
S74	3	1	0.2	0.465	0	2021 – 01 – 01
S141	1	1	0.54	0.878	0	2021 – 01 – 01
S140	1	1	0.84	1.258	0	2021 – 01 – 01
S164	1	1	0.44	1.31	0	2021 – 01 – 01
S114	2	1	0.77	1.697	0	2021 – 01 – 01
S7	3	1	0.9	1.572	0	2021 – 01 – 01
S112	3	1	0.31	0.537	0	2021 – 01 – 01
S178	1	1	0.32	0.615	0	2021 – 01 – 01
S84	1	1	0.3	0.3	0	2021 – 01 – 01

注：a. "区域"一栏中，"西乡街道"设为1，"航城街道"设为2，"福永街道"设为3。

　　b. "排放状态"一栏中，"优"设为1，"差"设为 – 1，"良"设为0。

　　c. "是否投诉"一栏中，"投诉"设为1，"无投诉"设为0。

（2）模型详解

相关是指变量之间存在着的非严格的不确定关系。对变量之间相关关系的分析，即相关性分析。其中比较常用的是线性相关分析，用来衡量它的指标是线性相关系数，又叫皮尔逊相关系数，通常用 r 表示，取值范围是 $[-1, 1]$，用下式表示：

$$r = \frac{\sum (x - \bar{x})(y - \bar{y})}{\sqrt{\sum (x - \bar{x})^2 (y - \bar{y})^2}} = \frac{x \text{ 与 } y \text{ 的协方差}}{x \text{ 的标准差与 } y \text{ 的标准差的乘积}}$$

式中，x 表示输入变量，y 表示输出变量。

（3）相关性研究分析结果

相关性分析结果如表 7 – 7 所示。

表7-7　指标和相关性分析结果，数值为相关系数

	区域	排放状态	日均值	最大值
投诉	-0.03824	-0.68529	0.415634	0.506232

从相关系数可知，投诉与否与属于哪个街道关系并不密切，但是与排放状态有较高的负相关性，证明排放状态差是引起投诉的主要因素，需要密切关注排放状态。其次是最大值和日均值，具体影响模式和预测关系，需要采用机器学习进行相关预测分析，具体可详见7.1.4.4小节。

7.1.4.3　时间序列分析预测

（1）预测模型详解

由于油烟投诉数据与时间密切相关，故可采用时间序列法进行整体投诉趋势预测。时间序列法是将某种统计指标的数值，按时间先后顺序排列成数列，通过编制和分析时间序列，将时间序列所反映出来的发展过程、方向和趋势进行类推或延伸，借以预测下一段时间或以后若干年内可能达到的水平。本项目研究建立的预测模型采用的是"三指数平滑算法"，通过一个时间窗口函数来从历史逐步拟合到现在，以完成未来的预测。其公式如下：

$$y_t + m = (3y_t' - 3y_t + y_t) + [(6 - 5a)y_t' - (10 - 8a)y_t + (4 - 3a)y_t] \times am/2(1 - a)^2 + (y_t' - 2y_t + y_t') \times a^2 m^2/2(1 - a)^2$$

式中：y_t 表示 t 期的实际值，$y_t = ay_t - 1 + (1 - a)y_t - 1$；$y_t'$ 表示 t 期的预测值；a 表示季节参数；m 表示二次指数平滑指数方程的截距。

三指数平滑算法可以分析并沿袭历史数据所呈现的波动性和周期性，这一特性叫作季节性。本预测模型的季节参数 a 选用3。

（2）预测结果呈现

本次采用的是每个街道12个月的投诉数据，进行时间序列的三指数序列方法进行预测，得到的数据结果最终输出三根线。

最上面的线：叫作置信上限，即未来趋势的上限不超过此线。

最下面的线：叫作置信下限，即未来趋势的下限不超过此线。

上下两根线之间的加粗线形成的区间：叫作置信区间，即未来趋势在此区间中波动。

中间加粗的线：叫作趋势线，即未来趋势最有可能沿此线的趋势发展。

每条街道的投诉预测结果如下（因为预测时间越长，带来的置信区间就会越大，预测的结果就会越不准确，故这里只预测未来4个月的相关数据）：具体分析结果见图7-21。

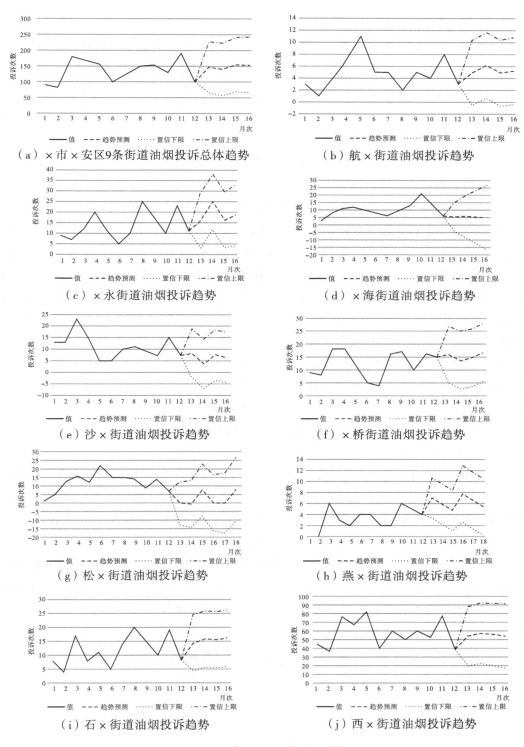

图 7−21　时间序列法投诉预测结果

（3）预测结果分析

从预测结果可知，2022 年的 1 月到 4 月，深×市×安区的油烟投诉整体次数呈上升趋势，应逐步加强油烟排放管理并季节性严格控制，重视投诉的个体事件。

当然，时间序列法因突出时间序列而暂不考虑外界因素影响，存在着预测误差的缺陷，当遇到外界发生较大变化的情况时，预测结果与实际往往会有较大偏差。时间序列法进行中短期预测的效果要比长期预测的效果好。

7.1.4.4　有监督的机器学习模型下的投诉预测

（1）有监督的机器学习概述

机器学习是一门多学科交叉专业，涵盖概率论、统计学、近似理论和复杂算法知识，使用计算机作为工具并致力于真实实时的模拟人类学习方式，并将现有内容进行知识结构划分来有效提高学习效率。机器学习分为有监督学习和无监督学习。有监督学习是从标签化训练数据集中推断出函数的机器学习任务。训练数据由一组训练实例组成。在有监督学习中，每一个例子都是由一个输入对象（通常是一个向量）和一个期望的输出值（也被称为监督信号）组成的数据对。无监督学习是指根据类别未知（没有被标记）的训练样本解决模式识别中的各种问题。

由于油烟在线监测系统提供的数据为固定标签化的数据，主要研究的结果可明确分类（会投诉/不会投诉），故比较适合采用有监督学习方法。本次研究将分别选取 KNN 最近邻算法、决策树算法、SVM 支持向量机三种不同的模型算法进行模型构建，以实测结果和预测值的相关系数为标准对结果进行评估，最终获取最优模型。

（2）KNN 最近邻算法

KNN（K-nearest neighbor）最近邻算法是指数据挖掘分类技术中最简单的方法之一。所谓 K 最近邻，就是 K 个最近的邻居，每个样本都可以用它最接近的 K 个邻居来代表。KNN 最近邻算法的核心思想是如果一个样本在特征空间中的 K 个最相邻的样本中的大多数属于某一个类别，则该样本也属于这个类别，并具有这个类别上样本的特性。该方法在确定分类决策上只依据最邻近的一个或者几个样本的类别来决定待分样本所属的类别。构建模型时，参数设置范围为 n_neighbors：[3，5，10，15，20]，weights：[uniform，distance]，通过模型调参，模型最后确定参数为 neighbors = 15，weights = uniform（表 7 - 8）。

表 7 - 8　KNN 参数调整分数结果

neighbors	weights	分数
3	uniform	0.941
5	uniform	0.942
10	uniform	0.944

neighbors	weights	分数
15	uniform	0.945
20	uniform	0.944
3	distance	0.94
5	distance	0.941
10	distance	0.942
15	distance	0.943
20	distance	0.944

（3）决策树算法

决策树算法是一种逼近离散函数值的方法。它是一种典型的分类方法，首先对数据进行处理，利用归纳算法生成可读的规则和决策树，然后使用决策对新数据进行分析。决策树本质上是通过一系列规则对数据进行分类的方法。决策树算法通过构造决策树来发现数据中蕴含的分类规则，如何构造精度高、规模小的决策树是决策树算法的核心内容。决策树构造可以分两步进行。第一步，决策树的生成：是由训练样本集生成决策树的过程。一般情况下，训练样本数据集是根据实际需要而生成的有历史的、有一定综合程度的，用于数据分析处理的数据集。第二步，决策树的剪枝：是对上一阶段生成的决策树进行检验、校正和修下的过程，主要是用新的样本数据集（也称为测试数据集）中的数据校验决策树生成过程中产生的初步规则，将那些影响预衡准确性的分枝剪除。剪枝相关参数使用范围如下：max_depth：[none，1，2，3，5，10，15]，模型最后确定参数为 max_depth = 2（表7 - 9）。

表7 - 9　决策树的参数调整分数

max_depth	分数
none	0.934
1	0.947
2	0.948
3	0.948
5	0.944
10	0.944
15	0.939

（4）SVM 支持向量机

支持向量机（support vector machine，SVM）是一类按监督学习（supervised learning）方式对数据进行二元分类的广义线性分类器（generalized linear classifier），其决策边界是对学习样本求解的最大边距超平面（maximum-margin hyperplane）。其相关参数使用范围如下：Kernel：［linear，rbf，sigmoid］，gamma：［10，20］，模型最后确定参数为 Kernel = rbf，gamma = 10（表 7 - 10）。

表 7 - 10　支持向量机参数调整分数

Kernel	gamma	分数
rbf	10	0.948
linear	10	0.946
sigmoid	10	0.915
rbf	20	0.947
linear	20	0.946
sigmoid	20	0.93

（5）三个模型的评估结果分析

对模型的结果将采用混淆矩阵的方式进行模型评估。混淆矩阵也称误差矩阵，是表示精度评价的一种标准格式，用 n 行 n 列的矩阵形式来表示。具体评价指标有准确率、精确度、召回率（也叫查全率）等，这些指标从不同的侧面反映了分类的精度，在分类精度评价中主要用于比较分类结果和实际测得值，可以把分类结果的精度显示在一个混淆矩阵里面。混淆矩阵是通过将每个实测象元的位置和分类与其在分类图像中的相应位置和分类相比较而进行计算的（表 7 - 11）。

表 7 - 11　预测投诉情况

		预测	
		投诉	不投诉
实际	投诉	TP	FN
	不投诉	FP	TN

数据预测结果有 4 种情况：

情况一（TP）：预测为正，实际为正；

情况二（FP）：预测为正，实际为负；

情况三（FN）：预测为负，实际为正；

情况四（TN）：预测为负，实际为负。

其中，准确率（Accuracy）也称为正确率，表示预测正确的样本在所有样本中的比例 Accuracy ＝（TP ＋ TN）／（TP ＋ TN ＋ FP ＋ FN）；精确度（Precision）也称查准率，表示预测正的样本中真实为正的比例 Precision ＝ TP／（TP ＋ FP）；召回率（Recall）也称查全率，表示成功预测的正样本占真实正样本的比例 Recall ＝ TP／（TP ＋ FN）。

以上所有模型的混淆矩阵的结果见表 7 – 12 至表 7 – 14。

表 7 – 12　KNN 的精度评价

投诉与否	Precision	Recall
投诉	0.6	0.65
不投诉	0.97	0.97
macro avg（平均值）	0.79	0.81
Accuracy（准确率）		0.95

表 7 – 13　决策树的精度评价

投诉与否	Precision	Recall
投诉	0.6	0.79
不投诉	0.98	0.96
macro avg（平均值）	0.79	0.88
Accuracy（准确率）		0.95

表 7 – 14　SVM 的精度评价

投诉与否	Precision	Recall
投诉	0.62	0.66
不投诉	0.97	0.97
macro avg（平均值）	0.8	0.82
Accuracy（准确率）		0.95

由于我们研究的是投诉模型，预测投诉但实际没有投诉（即预测投诉的精确度）不会有什么业务性影响，但是预测不会投诉却被投诉（即预测为不投诉的召回率）则影响较大，故在召回率上要求更高，值越大表示预测投诉却被投诉的概率越小，而三个模型中，从不投诉的召回率和平均召回率的结果上看，用决策树模型的结果最好。故针对单个监测点的投诉预测，建议采用决策树模型，设置参数 max_depth ＝ 2。

（6）小结

本研究基于安装在深×市×安区的饮食油烟自动监测仪获得的油烟浓度实测数据，

通过对比分析投诉数据，利用数据相关性分析、时间序列分析和有监督机器学习模型分析研究，获得初步结论如下：

①饮食油烟排放相关因子与投诉结果的关系，与街道空间关系并不密切，主要与排放状态有较高的负相关性，其次是最大值和日均值，故监测排放情况是预防油烟投诉非常好的手段；

②基于时间序列的分析结果可以得出，虽然各个街道的数据系列预测曲线有细微差异，但是从整体趋势上看，春季 3、4 月和秋季 10、11 月，投诉量明显多于其他月份，建议可在这几个月收严相关排放管理；

③针对个体的排放与油烟浓度的预测，确定决策树模型更适合本数据研究场景。而决策树模型中又特别计算了每个因子的重要程度，呈现结果为日均值和最大值影响度都较高，故实际使用过程中，可以用日均值超标和日最大值作为输入项，预测是否会引发投诉，一旦产生了投诉预警，应立刻通知运维采取相关行动。

基于投诉模型的"互联网＋"智慧油烟异味监控平台技术对于生态环境防控和治理来说，既是机遇也是挑战，在运行过程中可能会遇到各种问题，如相应的政策法规与技术标准体系的建设较为滞后、政府部门之间的信息数据共享和综合利用仍然存在很多的障碍等，这些都是迫切需要解决的问题。针对新技术、新发展，及时跟进政策法规和技术标准体系的建设，才能进行科学监测，完善防控机制，将饮食油烟监管模式由以事后处理为主转为以事前预防为主，由粗放式监管转向精细化管理，由单纯政府监管扩大到政府、企业和社会公众共同参与。

7.1.5　城市饮食油烟自动在线监控平台处理技术

7.1.5.1　大数据平台应实现的目标

油烟在线监控系统 24 小时不间断运行所产生的数据量极其庞大，可采用大数据技术进行数据清洗和分析。大数据平台的建设应实现以下目标。

（1）全面整合现场监控点的数据，形成监控点的多级数据仓库

接收现场上传的监测数据，形成数据仓库，整合监控点上传数据，形成分钟数据、小时数据和日数据档案，为油烟超标告警、提供数据支持。

（2）提供分布式数据存储仓库

底层以存储（关系数据库、内存数据库）和计算（分布式计算、实时计算、离线计算等）技术为支撑，以餐馆油烟监控点为中心，通过汇集监控数据、基础数据、大气数据等，建设大数据环境下的安全存储能力、规范管理能力和分布式计算能力，包括数据存储体系、数据计算体系、数据管理体系。

（3）呈现油烟监测结果

基于油烟数据监测结果，进行监测数据的呈现，并形成一定的排放标签，表达呈现数据排污结论。

（4）与其他数据的对接

支持与综合平台的数据共享，包括数据推送和数据接收两种方式。

7.1.5.2　平台架构

监控大数据的平台主要包含数据服务、数据存储、数据计算、数据采集、数据源及运营管理共六个功能模块。监控大数据平台架构如图 7-22 所示。

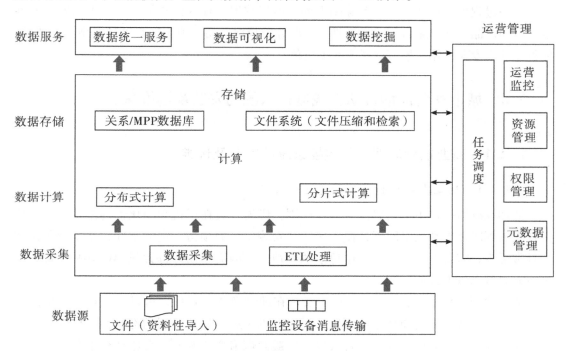

图 7-22　监控大数据平台架构

各模块功能说明如下。

（1）数据采集和处理

由于油烟监控数据属于结构化数据，大数据分析平台采用 ETL（Extract - Transform - Load）工具作为采集结构化数据的手段。ETL 是建立大数据分析平台的重要组成部分，它将大数据分析平台中所需的数据按数据仓库建立的方法每小时将采集的详尽数据进行分类汇总，并根据业务的需求进行数据调整，数据处理过程中需对原始数据进行抽取、清洗、合并和装载。在此过程中必须保证数据的完备性和数据的一致性。当业务数据量过大时，为避免数据仓库压力过大，可采用数据分批分片处理模式。

（2）数据存储

这一过程以数据仓库来实现对用于结构化数据和元数据的集中存储与管理，并根据需求将数据仓库划分为三个逻辑存储区间：ODS（operational data store）、DW（data warehourse）、DM（data mart）。ODS 存放各业务系统的原始数据，DW 区域存放经过整理的各个监控点的汇总数据，是平台的核心数据中心；DM 区域存放各个分析领域所需的综合数据。

（3）数据分析和呈现

进行统一的数据接入和存储后，需要针对相关数据建立监控的指标体系，如小时数据，日数据的均值、统计值等，建立标准化数据指标体系，降低数据理解误差，释放人力，降低业务难度。

这一过程可通过数据分析图等图表形式展现数据指标和标签结果，并可以发展其他数据应用产品，如即席查新分析工具、专题分析数据产品、预测推荐等智能型数据产品，使得非数据专业的用户能直观感受数据价值。

7.2 城市饮食油烟自动在线监控系统的安装及运维保养

7.2.1 商业饮食油烟在线监控系统的安装及运维

7.2.1.1 油烟在线监控系统的选点与安装

油烟在线监控仪主机安装位置选择原则：优先安装在风机和净化器的电控柜旁，或选择安装到净化器和风机附近，便于接线；安装位置需预留一定的空间，便于设备接线和日常运维；需要安装在避雨、避免暴晒的地方；因需要由外部提供 AC220V 电源，安装前需要考虑供电方便。

油烟检测探头（简称"探头"）应安装在油烟净化装置后，可以安装在风机前或风机后，但不能过于靠近油烟净化装置或风机，以免影响检测数据的准确性。根据相关规定：探头安装位置应优先选择在直管段，应避开烟道弯头和断面急剧变化部位。安装位置应设置在距弯头、变径管下游方向不小于 3 倍直径，和距上述部件上游方向不小于 1.5 倍直径处，对矩形烟道，其当量直径 $D = 2AB/(A+B)$，式中 A、B 为边长（图 7-23）。

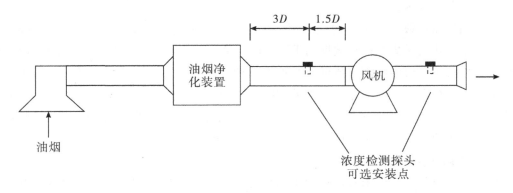

图 7-23 监控探头安装位置

7.2.1.2 油烟在线监控系统的运维

城市商业饮食油烟自动在线监控系统完成建设后进入运维期，运维单位应提供污染源在线监测设备的维护服务，包括设备的检查、巡检、档案的管理、备品备件的准备等服务，具体如下：

（1）平台日常维护。每天查看饮食油烟污染源监控平台日常运行情况，以及数据库、存储空间及网络安全情况，及时处置异常情况并上报。

（2）数据日常监管。每天查看油烟污染源监测点位数据并形成记录，分析监测数据（如油烟排放、超标数据、工况数据等），对各点位运行情况进行诊断分析，判断系统数据采集与传输情况，发现监测（监控）数据有持续超标或异常情况出现时，及时通报给有关人员解决处理。

（3）运行档案管理。形成油烟在线监控数据分析报告（周报、月报、季报、年报），建立设备维护档案，详细记录设备运行过程和运行事件，并进行归档管理。提交分析报告可为主管部门提供油烟污染源巡查执法的参考意见。

（4）备品备件库管理。应具有完善的备品备件库，实行专人管理；应定期清点，并根据实际需要及时补充；应及时填写出入库记录，便于查阅。

7.2.2 居民住宅楼家庭油烟自动在线监控系统的安装及保养

目前我国已经建立饮食业油烟排放标准和环保技术规范，天津、北京、上海、深圳、辽宁等地政府也已经发布或正在制定关于饮食业大气污染物排放限值或监测技术的规范。虽然每一栋居民楼类似于一家餐馆采用一条公用烟道将油烟废气统一排放到大气中，这种集中排放的模式，与餐馆有些许共性，但其运维模式与餐馆有一定的区别，主要体现在油烟集中治理系统运转时设备及主要部件的联动需符合设计要求。

（1）净化通风设备安装。净化通风设备应直接安装在公共烟道出口，需先用混凝土浇筑基础，且高度至少为30 cm，混凝土基础与主机之间宜放置10 mm厚橡胶减震垫，并用M10以上尺寸的螺栓将主机固定。净化通风设备与水泥基础之间的缝隙可用硅酮胶密封。安装后出风口应高出楼顶女儿墙①高度。净化通风设备应做好支撑，留出足够的检修空间并做好警示隔离。

（2）油烟自动在线监测设备安装。在线监测设备主机应选择稳定、无振动的位置安装，远离粉尘、灰尘、腐蚀性气体，远离易燃、易爆和易腐蚀性物质。设备的探头安装在油烟净化器后端1.0～1.5 m处的烟道内（若条件不允许，则安装在净化器后端即可）；需要在烟道上开孔，将探头插入烟道中并固定在烟道壁上。采样监测探头穿管安装位置需进行气密性处理，确保管道不漏风。统一通过多个烟管汇总排放油烟污染物时，将采样监测探头安装在总排烟管上，不得只在其中的一个烟管上安装监测探头并将监测

---

① 女儿墙：建筑物屋顶周围的矮墙。

数据作为该单位的排放数据检测依据；允许在每个烟管上分别安装采样监测探头，用于监测各烟管油烟污染排放情况。终端设备的工作电源应有良好的接地措施，接地电阻小于 4 Ω，且不能和接地避雷地线共用。

（3）住宅油烟集中治理监控系统保养特殊要求。检查净化通风设备外观是否保持清洁，检查电气线路和电气设备是否正常；检查动力分配阀开启是否到位，执行器是否灵敏；检查风机是否正常运转，控制系统是否正常工作。

参考文献

[1] 李洁，赵欣，马红璐，等. 南京市典型餐馆 VOCs 排放特征研究. 河北环境工程学院学报［J］. 2021，31（3）：80 - 85.

[2] 范庭芳，赵坤，钱松荣. 基于物联网的油烟浓度实时监测系统设计［J］. 微型电脑应用，2013，29（09）：18 - 20.

[3] 冯天成. 基于物联网技术的智能油烟在线监测系统的设计研究［D］. 武汉：武汉纺织大学，2019.

[4] 孙威蔚，马韵洁，杨超. 餐饮业油烟在线监控系统的设计与研究［J］. 电子技术与软件工程，2016（20）：192.

[5] 张珊珊，雷志勇. 基于光散射与透射原理的粉尘浓度测量方法研究［J］. 计算机与数字工程，2016，44（2）：362 - 366.

[6] 唐跃城，张玮，向运荣. 商业饮食油烟中醛酮类化合物的污染特征分析［J］. 资源节约与环保，2021（4）：75 - 77.

[7] 冯艳丽，黄娟，文晟. 餐馆排放油烟气中羰基化合物浓度及分布特征［J］. 环境科学与技术，2008，31（2）：66 - 76.

[8] 岳浩. 北京市餐饮业 VOCs 排放特征及减排潜力分析［D］. 北京：北京化工大学，2019.

[9] 谭晓风，孙晓钰，刘德全，等. 厨房烹调油烟的有机物定性定量 GC/MS 分析［J］. 质谱学报，2003，24（1）：270 - 274.

[10] 何万清，聂磊，田刚，等. 基于 GC-MS 的烹调油烟 VOCs 的组分研究［J］. 环境科学，2013，34（12）：4605 - 4611.

[11] 童梦雪. 烹饪油烟挥发性有机物 VOCs 组分的排放特征研究［D］. 大连：大连工业大学，2019.

[12] 质量技术监督行业职业技能鉴定指导中心. 质量技术监督基础（第二版）［M］. 北京：中国质检出版社，2014.

[13] 王淑娟，邰毓垫，郭栋卫，等. 基于电子鼻和 GC-MS 分析黑果腺肋花楸酒香气特征与差异性［J］. China Brewing，2022，4（7）：204 - 212.

第八章　城市饮食油烟净化技术

8.1　国内外饮食油烟净化技术

8.1.1　国内外饮食油烟净化技术使用概况

自 20 世纪 60 年代起，美国、英国、德国就已经开始关注厨房油烟净化处理，比如美国用氧化催化剂及循环水系统去除油烟，英国通过蛇形冷凝管去除油烟的方法，德国用热交换的方式去除油烟，德国发明了等离子体过滤装置过滤油烟污染物。发达国家大型饭店一般采用热氧化焚烧法，即利用热氧化反应将油烟中的有毒有害成分转化成安全状态。最常见的是直燃式燃烧炉技术，主要是将污染物和其他气体混合后通入炉内进行充分燃烧，实现颗粒物减排和气味的改善。但是使用该技术进行油烟净化时，需确保通入充足氧气，使燃烧过程中产生的热量被充分利用。中小饭店一般采用催化剂净化法，用于油烟净化处理的催化剂要求碳氢化合物氧化活性高、颗粒物去除效率高、设计紧凑。因此，一般采用以陶瓷蜂窝或金属蜂窝为载体的贵金属催化剂，包括简单金属氧化物、复合氧化物等，与贵金属催化剂相比，非贵金属催化剂价格较便宜、催化性能较好。

在我国，由于烹饪和饮食习惯的不同，饮食油烟污染相对国外较为严重，治理饮食油烟废气是环境保护中一项必不可少的工作，针对复杂的油烟废气污染而形成的油烟处理净化技术形式多样。

8.1.2　国内外饮食油烟净化技术

8.1.2.1　静电法

静电收尘技术主要应用于我国的电厂、炼钢厂和建材厂等传统工业领域，20 世纪 90 年代中期，开始有厂商对静电收尘设备进行改造和小型化后，应用到餐饮行业的油烟治理中，并取得了良好的治理效果。

静电式油烟净化技术，通过高压电场电极的电晕放电，使在电场中通过的饮食油烟中的固态小颗粒（粉尘颗粒）、液态小油滴（油雾）、小水滴（水雾）等非气态物质和高速电子碰撞，形成带正、负电荷的粒子（粒子荷电过程），荷电后的粒子在电场力的作用下，被吸附到高压电场的阳极或阴极上（被电场捕获），油烟及粉尘颗粒从气体中被捕集分离，使处理后的气体达到排放标准。静电式技术的关键设备是高压静电电源和高压静电场。

现在市场上主流的静电式油烟净化器，主要为圆筒蜂巢式、板线式和圆筒蜂巢板式（图8-1）。

（a）圆筒蜂巢式　　　（b）板线式　　　（c）圆筒蜂巢板式

图8-1　市场主流静电式油烟净化器类型

（1）圆筒蜂巢式油烟净化器。其由蜂巢式排列的多个阳极圆筒和穿过圆筒中心的阴极针组成电场，极距较板线电场大。圆筒蜂巢式油烟净化器只有一个电场电压，油烟的荷电和捕获都在同一个区间进行，空间使用效率高，电场抗污抗水能力强，但运行功耗较大。

（2）板线式油烟净化器。其由两部分电场组成，前面的电场由多片等距平行布置的阳极板和位于阳极板之间平行布置的阴极线组成电场，主要使油烟颗粒物荷电；后面设置间距较小的多片平行金属板，并且相邻的金属板分别为电场的正负极，构成电场，主要捕获油烟中的荷电颗粒物。板线式油烟净化器分为两个高压电场，前面的高压电场极距大，电压高，负责对烟气中的颗粒物荷电，后面的电场极距小、电压低，负责捕获烟气中的荷电粒子，在相同区间内可布置较大面积的收尘极板，运行功耗较低，但集尘区电场抗污抗水能力差。

（3）圆筒蜂巢板式油烟净化器。其由圆筒蜂巢式油烟净化器和板线式油烟净化器结合改良而成，设置了两个电压等级的高压电场：在较高电压的圆筒蜂巢电场后面增加了一个极距较小、电压较低的集尘板电场，当油烟经过圆筒蜂巢板式油烟净化器时，前面的圆筒蜂巢电场能同时对油烟进行荷电和吸附，净化大部分的油烟颗粒物，后面的板电场继续吸附完剩余的少量微小粒径颗粒物。由于油烟中大部分的颗粒物都被圆筒蜂巢电场处理，板电场只处理少量的微小粒径颗粒物，因此设备的抗污抗水能力较板线电场大大提高，并且功耗也低于单一的圆筒蜂巢电场。

8.1.2.2　动态离心法

动态离心法通过离心场作用实现油烟多相混合物的分离，离心净化技术根据原理不同而分为两种。一种是使用高速旋转的金属网框碰撞拦截油烟颗粒，丝网上铺展的油烟液滴在离心场的作用下径向移动，流向丝网外缘侧的废油收集装置，从而实现油烟废油的分离收集。这种净化技术运行压降小，运行时间久，维护方便，收集的油烟废油可进行资源化利用，但油烟去除率不高，只有40%～60%，小粒径颗粒去除率较低，由于油烟废气中颗粒物黏度很大，故清洗维护工作量较大。另一种为旋风分离净化技术，饮食油烟通过负压动力装置被切向引送至锥形筒，在旋转离心的运动过程中与阻挡壁面碰撞，被拦截滞留，实现油烟净化。旋风分离器的油烟雾去除率可以达到85%以上，设备使用寿命长、不产生二次污染、维修管理简单方便，但其压降较大、占地面积大，所以通常和其他方法结合使用，多用于餐馆的油烟排放管道中。

武汉创新环保工程有限公司自主研发的全动态离心油烟净化技术（图8-2），采用油气分离技术进行动态撞击拦截物理离心脱油，其原理是净化网盘在电机的带动下，以1300 r/min的高速旋转形成机械屏蔽，细微的油分子在抽油烟机风轮抽吸的作用下撞击油烟机进风口前端的净化网盘幅条而改变运动方向，在离心的作用下迅速滑落至油槽而流入油盒，有效地将油粒从烟气中分离，实现集排烟与净化为一体的动态滤油过程。

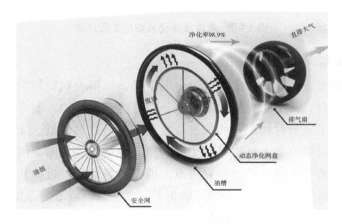

图8-2　全动态离心油烟净化技术

8.1.2.3　湿法

湿法是指采用水或其他洗涤剂，以喷头喷洒的方式形成水膜、水雾来吸收油烟。油烟粒子与喷嘴喷出的水雾、水膜相接触，经过相互的惯性碰撞、滞留及细微颗粒的扩散和相互凝聚等作用后随水滴流下，使油烟颗粒从气流中分离。该法所需设备结构简单、投资少、占地面积小、运行费用低、维修管理方便，还具有除油和一定除味功能。但存在二次污染、阻力大、对亚微米级颗粒物的净化率低、需对产生的油污水进行处理、在北方冬季室外运行时需对设备作防冻处理等缺点。

8.1.2.4 吸附法

吸附法的原理是利用油烟废气中的颗粒物与过滤材料在惯性碰撞、截留和扩散沉积的共同作用下被捕集于滤料中从而达到净化的效果。常用的吸附材料有活性炭、滤布、纤维、陶瓷以及一些特殊矿物质（如海泡石等），其中活性炭的应用最为广泛（图8-3）。吸附法能有效脱除一般方法难以分离的低浓度有害物质，其净化效率高、结构简单、易实现自动化控制并且能够有效去除油烟异味。但设备体积较大，需要足够的占地面积，并且吸附质吸附容量小，吸附饱和后需要更换新的吸附质，使得总运行成本提高，因此这种方法并未推广使用。

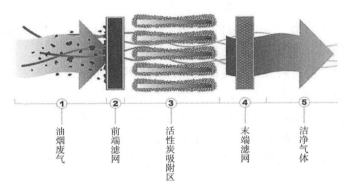

① 油烟废气　② 前端滤网　③ 活性炭吸附区　④ 末端滤网　⑤ 洁净气体

图8-3　活性炭净化油烟的工作原理

8.1.2.5 过滤法

过滤法指油烟废气先经过一定数目的金属格栅，使得大颗粒污染物被阻截，而后烟气经过纤维垫等滤料，其中的颗粒物被扩散、截留继而被脱除。通常选用的滤料材料为吸油性能高的高分子复合材料。过滤法设备投资少、运行费用低、无二次污染、维修管理方便，但由于滤料阻力很大且滤料需更换，使其应用受到局限。因此，增加滤料的使用寿命并提高过滤效率成为目前的研究重点。值得注意的是，过滤法作为油烟的预处理装置具有一定的可行性，但对VOCs净化效果差，需在过滤段下游增加VOCs净化段；同时还需考虑滤料的成本及重复利用问题。

8.1.2.6 催化氧化法

催化氧化法是指在催化剂的作用下，油烟颗粒中的有害物质在相对较低的温度被催化氧化，进而分解生成无害或易于处理的物质的过程。相比普通的热氧化法，通过引入催化剂，使油烟颗粒中的有害物质的氧化反应活化能降低，反应温度大大下降，而反应速率提升使得油烟颗粒中的有害物质可以在较低的温度下进行催化氧化。催化氧化技术可较大程度上降低能耗且污染物去除效率更高。该法污染物脱除效率较高，反应温度低，大大降低能源消耗，避免二噁英和氮氧化物等二次污染物的生成，是一种对环境友好的油烟净化技术（图8-4）。

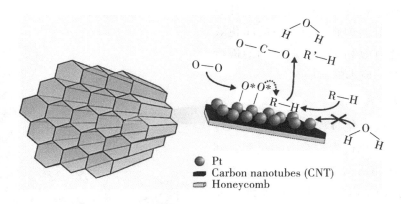

图 8-4　应用于油烟的中温催化氧化的疏水蜂窝状负载 Pt/CNT 催化剂

催化氧化过程中，选用的催化剂的性能决定了氧化反应能否高效地进行。同时，催化剂的选择与使用存在一定的难点，如合成催化剂的成本和推广成本较高，催化床定期维护比较麻烦。贵金属催化剂往往具有反应活性较高、使用寿命较长、耐热性能好等优点，但是贵金属催化剂容易受到水分的影响，烹饪过程中排出的废气通常含水量较高，导致催化剂表面被水覆盖而失活。然而，贵金属催化剂仍存在价格高昂、难以回收循环利用的问题，使得推广应用范围较小，催化剂氧化法处理油烟气在国内尚无商业化应用实例。

8.1.2.7　光催化法

光催化法指利用特殊波长紫外灯发出的紫外线对油烟分子进行照射，从而达到净化油烟分子目的的净化方式。该法利用紫外线-C 波段的光来改变油脂的分子链，同时空气中的氧受紫外线照射后产生臭氧，臭氧与油脂分子反应后生成水和二氧化碳，同时烟道中的异味也随之不见。餐饮业污染物排放标准收紧后，紫外光催化法（UV 法）成为净化气态污染物的热门处理方法之一。很多厂家开发的油烟净化设备均采用 UV 法。但运用该技术需要至少 30 m 长的管道以安装紫外光管，占地面积较大。此外，紫外光可致癌，需密封严实，还会带来臭氧污染且该法净化效率较低，故非净化手段中的最优选择。

8.1.2.8　氧化焚烧法

氧化焚烧法的主要原理是利用焚烧产生的热量加快氧化反应速率，将油烟气中的有毒有害成分转变为二氧化碳和水等清洁物质。该法要同时保证全部排放物完全燃烧并且达到最佳热效率，以及要最低限度地维持 NO_x 排放浓度，操作技术十分复杂，工业油烟净化器除烟雾装置见图 8-5。故国外采用此法较多，我国对其应用较少。该法的优点是：油烟中物质燃烧较完全，热效率高，氮化物的排放量较低，油烟净化效率高。另外，由于氧化焚烧法所需设备占地面积大，成本和运行费用较高，不适用于中小型餐馆，而适用于大型油炸企业和餐饮企业。要推广普及该技术，目前技术的改进的重点在节约成本节和压缩体积。斯特林公司研发了一种多级燃烧系统，对油烟有着非常高的净化效率，同时还能有效利用余热对烹调油进行加热，达到节约成本的目的。

8.1.2.9　生物法

生物法废气净化过程本质上为吸收传质过程与生物氧化过程相结合的过程，利用微生物的代谢活动将有害物质转变为简单的无机物（如 CO_2 和 H_2O）及细胞质等。气态污染物同水接触并溶解于水中（即由气膜扩散进入液膜）；溶解于液膜中的污染物在浓度差的推动下，进一步扩散

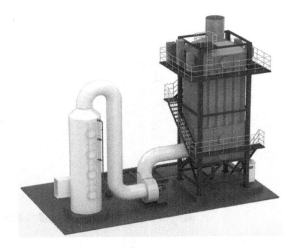

图 8 - 5　工业油烟净化器除烟雾装置

到填料表面附着的生物膜层，被其中的微生物捕获、吸收。相比于其他方法，生物法可以解决多组分污染物间净化效率低等技术难题，实现复杂、多组分的油烟污染物去除。同时，可以针对较难降解的特征污染物，选育具有高降解率的专属菌种，并基于微生物的代谢规律，优化调控菌群结构，构建复合微生物菌剂，实现油烟生物净化装置的稳定运行。但是该法存在菌种选育耗时长、受烟气温湿度影响大、启动时间长、需考察成分适应性等问题，因此，其应用在一定程度上受到限制。

8.1.2.10　复合技术

复合技术指采用以上任何两种或两种以上净化方式的技术。一般由离心净化处理单元作为预处理单元，后加上静电处理单元或湿法处理单元构成净化系统。有除味要求的敏感排放区域也有在静电或湿法处理单元后再加一个活性炭吸附单元作为后处理单元。复合技术把不同的技术特点组合在一个系统，充分发挥各自的技术专长，组成一个经济合理、净化效率高的优化系统。复合技术是今后最具有发展前景的实用技术。

总的看来，现有的油烟净化设备多采用离心净化法、静电法、湿法等。这些方法对于油滴、颗粒物具有较好的去除效果，但对 VOCs 的去除非常有限；吸附法、氧化焚烧法以及生物法虽然对 VOCs 具有较好的净化效果，但在饮食油烟净化应用领域仍处于技术空白。此外，鉴于饮食油烟污染物组成复杂，同时含有颗粒物，利用单一技术难以实现多污染物的同时净化，亟须开发新型集成油烟处理技术，在净化油烟颗粒物的同时实现对 NMHC 的去除。

8.1.2.11　不同净化工艺的对比

不同净化工艺的对比如表 8 - 1 所示。

表8-1　不同净化工艺的对比

技术	优点	缺点	PM$_{2.5}$去除	VOCs去除	油烟去除	二次污染	耗电量
静电法	①占地面积小，无二次污染；②易于捕捉粒径较小的粉尘，对油烟中的颗粒物净化效率高，可达90%～99%	①气态污染物去除效果一般，不能满足餐饮业污染物排放新标准中对非甲烷总烃的净化要求；②极板难清洗，后期维护成本高；③去除异味效果不佳	90%～98%	低于20%	90%以上	无	中等
动态离心法	①装置简单，阻力小，无二次污染；②造价低；③作为餐饮油烟净化的前置处理技术，能大大减轻径后续技术的处理压力，提高油烟净化系统的整体处理效率，减少净化系统的维护使用频次，方便使用及降低清洗维护成本	①对小粒径油烟颗粒物的捕集效率低；②无除味功能；③挡板滤网易破裂，废气直接排放；④由于油烟中颗粒物黏度很大，清洗维护工作量较大	50%～70%	低于10%	50%～70%	无	较低
湿法	①结构简单，占地面积小；②投资少，运行费用低，维修管理方便；③具有除油和一定的除味功能；④无消防隐患	①产生二次污染，需对产生的油污水进行处理；②阻力大，亚微米级颗粒物的净化率低；③在北方冬季室外运行须考虑设备防冻问题	—	60%～85%	80%～90%	有	中等
吸附法	①对油烟的气味有明显的净化作用；②设备结构简单，油烟去除率高	①随运行时间变长，油烟开始着在吸附质上，吸附层逐渐增厚，使吸附能力逐渐下降；②运行阻力加大致使费用增加；③吸附剂需要定期处理和更换，增加运行成本；④产生二次污染，需及时处理吸附材料	90%～99%	开始时100%，随后逐渐降低	初始较高	—	较低

续表

技术	优点	缺点	PM$_{2.5}$去除	VOCs去除	油烟去除	二次污染	耗电量
过滤法	①设备投资少，运行费用低；②净化效率高	①滤料阻力很大，需采用大风量、高压头的风机，带来噪声大、功耗大、造价高等问题；②过滤材料易阻塞，需要及时更换滤料，使用成本高；③对VOCs净化效果差，需在过滤段下游增加VOCs净化段；④产生二次污染，需及时处理滤网	90%~99%	—	40%~80%	有	较低
催化剂氧化法	处理能力强，无二次污染，产生的热量可回收利用	①催化剂成本高，且日常需要额外热源；②需考虑油雾以及颗粒物对材料性能的影响	—	90%以上（>300 ℃）	90%以上（>250 ℃）	无	—
光催化法	①无烟道异味；②无二次污染	①占地面积大，需要至少30 m长的管道；②紫外光致癌，需密封严实；③会造成臭氧污染；④净化效率较低	—	60%~70%	30%~60%	无	较高
氧化焚烧法	物质燃烧较完全，热效率高，油烟净化效率高	①设备成本及运行、维修费用较高；②危险性大，易引发火灾，燃烧可能不充分，易有积炭	—	90%以上（>800 ℃）	—	无	—
生物法	可解决多组分污染物同时净化效率低等技术难题，去除效率较高	①菌种和选育耗时长且受烟气温湿度影响大，需考察成分适应性，启动时间长，不稳定；②操作相对复杂	—	80%以上	70%~90%	无	中等

8.2　不同表现形式的饮食油烟净化技术

根据饮食油烟净化技术载体的表现形式的不同,可将饮食油烟净化技术分为单体式饮食油烟净化技术和综合楼式饮食油烟净化技术。

8.2.1　单体式餐馆的油烟净化技术

单体式餐馆,其主体为一个独立的餐馆,一般烹饪都集中在一个相对独立的厨房空间内进行,烹饪油烟通过餐馆的一个排烟口排出。单体式餐馆的厨房按照厨房炉头的数量,可分为大、中、小型厨房,小型厨房有 1～2 个炉头,油烟风量为 2000～4000 m³/小时,大型厨房的炉头有十多个,油烟风量可达到每小时数万立方米。按照餐馆经营的内容,可分为粤菜、川菜、湘菜、东北菜、火锅、西餐、机关企事业饭堂等。不同的经营内容在烹饪过程中产生的油烟量也大不相同,其中西餐等产生的油烟较少,而川菜、湘菜等产生的油烟较多,并且有比较刺激的油烟味道。

单体式餐馆的油烟净化设备,一般分为管道机和烟罩一体机。管道机的工艺是把油烟净化设备串接在收集油烟的总风管上,厨房内各个炉头烹饪产生的油烟,经过烟罩收集后,通过总风管送进油烟净化设备内,经过油烟净化设备的净化处理,再对外排放;烟罩一体机的工艺是在炉头上方的集烟罩内嵌入油烟净化设备,油烟在收集时即被净化处理。烟罩一体机节省空间,整洁美观,但受到安装设备的空间限制,不能处理较多的油烟。管道机可安装在厨房顶部或天面的油烟排放口前,安装位置比较灵活,可处理较多的油烟。

根据排烟口的高度,单体式饮食油烟净化设备又可分为高空排放设备和低空排放设备。高空排放设备的烟道长、排烟口较高,油烟会部分沉积在烟道内,因此油烟排放浓度较低,对油烟净化设备的处理效率要求不高。而低空排放设备则直接排放到人群较密集的场所,因此对油烟净化设备的处理效率要求严格。

根据中国环境保护产业协会网站公布的统计数据,2017 年至 2022 年 7 月 20 日,各类饮食油烟机的认证情况对比见表 8-2。

表 8-2　各类饮食油烟机的认证情况对比

净化器技术类型	年份											
	2017 年		2018 年		2019 年		2020 年		2021 年		2022 上半年	
	数量	占比/%	数量	占比/%	数量	占比/%	数量	占比/%	数量	占比/%	数量	占比/%
静电式	133	47.0	173	45.8	145	43.67	105	31.4	73	31.9	30	35.3

净化器技术类型	年份											
	2017 年		2018 年		2019 年		2020 年		2021 年		2022 上半年	
	数量	占比/%	数量	占比/%	数量	占比/%	数量	占比/%	数量	占比/%	数量	占比/%
含静电技术的复合式	79	27.9	133	35.2	147	44.3	189	56.6	129	56.3	50	58.8
其他复合式	13	4.59	10	2.65	10	3.01	7	2.10	12	5.24	0	0.00
机械式	24	8.48	31	8.20	11	3.31	14	4.19	2	0.87	1	1.18
光解	8	2.83	11	2.91	9	2.71	6	1.80	4	1.75	1	1.18
湿式	26	9.19	20	5.29	10	3.01	13	3.89	9	3.93	3	3.53
合计	283	100	378	100	332	100	334	100	229	100	85	100

从表 8-2 可见,静电式油烟净化法是单体式餐馆的主流技术,并且含静电技术的复合式饮食油烟净化器,越来越受市场欢迎。

8.2.2 综合楼式饮食油烟净化技术

综合楼式饮食油烟净化是指在商业综合楼体或商住综合楼体中,设立一片集中区域,供多家单体餐馆进驻经营,饮食油烟经过烟管收集后经主烟管集中排出。尽管进驻了多家餐馆,其经营的菜系品种多样,但总烟管出口处的烟气风量相对稳定,大概每 1000 m² 的综合楼餐饮面积,风量在 60000 m³ 左右。进驻综合楼体的单体餐馆,都会被要求各自安装独立的油烟净化设备,因此在总风管出口处的油烟浓度不高。

综合楼式餐馆,通常会把厨房烟气排放总管引接到综合楼体的楼顶平台排放,楼顶平台空间开阔,可安装大风量油烟处理设备,饮食油烟经总烟管引入油烟净化设备,经设备处理至达标后排放。

随着国家节能减排政策的不断深入,越来越多的餐饮综合楼体安装了楼宇智能管理系统,并要求油烟净化器接入楼宇智能管理系统中。高端品牌的油烟净化器,能够通过数字通信接口与主流品牌的楼宇智能管理系统对接,把设备的运行电流、高压输出电压、功率或出故障时的故障类型等详细的运行参数上传到楼宇智能管理系统中,并接受系统根据实际情况做出的智能控制,如调节运行功率等,以达到最佳的净化效率和节能效果;而普通的油烟净化器,受自身的技术限制,只能通过简单的输入输出触点和楼宇智能管理系统对接,上传最基本的运行、停止状态和接受开、关指令。

餐饮综合楼的油烟净化设备多为负压设计,抽风机装在油烟净化设备后端。由于抽风机处理风量比较大,经常产生一定的噪音和震动,如果对附近人员的工作和生活产生影响，应进行噪声震荡消除处理设计。

8.2.3 综合楼式饮食油烟净化案例

项目概况：北京建外 SOHO 的 1 号楼和 7 号楼餐饮区安装了 3 台静电式油烟净化器，随着环保治理要求提高，现有净化器不能满足环保要求。

改造目的：要求达到北京市地方标准《餐饮业大气污染物排放标准》（DB 11/1488—2018）的排放标准，即油烟 ≤1 mg/m³，非甲烷总烃 ≤10 mg/m³。

项目前期：现场进行勘察工作，如净化风量的确认，现有净化器的安装使用情况分析与改造等。

1. 净化风量的确认

根据现有风机风量参数确认排风量：一是现有末端风机满足厨房排烟量，且抽排效果良好，不用更改物业预留的烟道；二是适用于净化系统接入的餐饮厨房数量比较多，存在管道结构比较复杂的情况。

1 号楼油烟净化系统位于 1 号楼 B1 机房内（图 8-6），油烟净化器处理量为 25000 m³/h，主管道为 800 mm×400 mm 外加防火玻璃棉保温，油烟净化器位于管道中段。

7 号楼油烟净化系统位于 7 号楼 B1 机房内（图 8-7），油烟净化器处理量分别为 50000 m³/h 和 20000 m³/h，两台设备上下叠置，入口管道分别为 1000 mm×1200 mm 和 400 mm×550 mm，由镀锌钢板管道连接。

图 8-6　1 号楼机房净化器安装　　　　图 8-7　7 号楼机房净化器安装

2. 现有净化器的安装使用情况分析与改造

（1）旧况分析

通过现场勘察，旧况分析如下：

①净化处理工艺单一，现有净化器处理量不够。厨房油烟只靠静电式油烟净化器处理，由于综合楼餐饮种类比较多，特别是烹饪川菜、湘菜的厨房，油烟味道比较大，单

一方式净化不能达到环保治理目标，应在净化器末端增加除味技术装置；另外，现有净化器体积小，过风速度较快，油烟颗粒物不容易被捕集；②净化器安装不合理。净化器前后端直管长度远小于 1 m 且变径不平顺，变径水平夹角不一致，而且未在入口变径和出口变径里面加装均风导流板，导致入风不均匀，净化器处理效果差。

（2）改造设计

对于餐饮管道式油烟净化系统而言，除了合理的设备参数，设备安装方式的正确与否很大程度上决定设备处理效果的好坏。管道式油烟净化器应该按照如下要求安装：

①如果受现场实际情况限制，设备前后直管远小于 1 m 或者变径不平顺，则应在静电设备前后变径里面加装均风导流板（图 8 - 8）。

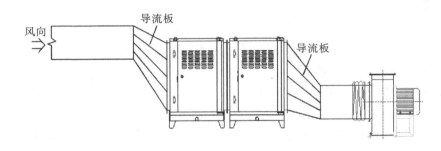

图 8 - 8　均风导流板加装

②净化设备前后要有直管，设备前直管长度尽量为风管直径或边长的 3 倍，设备后直管长度尽量为风管直径或边长的 2 倍（一般至少要 1 m），如图 8 - 9 所示。

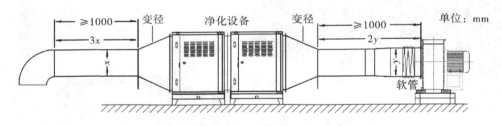

图 8 - 9　设备前后直管安装

（3）改造安装

总体要求：北京建外 SOHO 业主对改造后的工程质量要求极严格，明确改造工程施工期间不能影响正常营业，改造后烟气经新油烟净化设备处理后必须经第三方检测证明符合当地环保排放要求，要去除烟气中的异味，设备运行可靠且投资成本可控、后期运营维护简便。

①施工时间：结合现场的实际情况和业主的要求，所有施工都在晚上营业结束后进行，在早上开始营业前必须恢复管道连接，使商场能正常营业，因此管道的改造和设备安装都必须分段进行，确保在营业间歇时间内完成。

②管道修整和取舍：原有风管和设备安装空间狭小，但为了给设备留出检修清洗空间，还要重新调整新设备安装位置，改造部分原有管道。

③重调结构：为了保证烟气处理效果，应根据现场的空间位置，重新设计定做设备结构，使净化设备既能满足烟气处理效率的要求，又能适应现场空间的摆放需求。

（4）改造效果

北京建外 SOHO 的 1 号楼和 7 号楼餐饮区油烟净化设备改造工程于 2020 年完成，其中 1 号楼排风风量为 25000 m³/h，在总风管出口安装佛山市科蓝环保科技股份有限公司生产的管道式静电油烟净化设备 BS-216Q-32KT，设备后面加 UV 光解除味装置。经第三方检测机构北京奥达清环境检测有限公司现场检测，烟气排放达到《餐饮业大气污染物排放标准》（DB 11/1488—2018）。主要检测数据见表 8－3。

表 8－3　北京建外 SOHO 1 号楼改造后油烟废气检测结果

	油烟浓度/（mg/m³）	非甲烷总烃浓度/（mg/m³）	颗粒物浓度/（mg/m³）
出口浓度	0.16	1.22	1.1

7 号楼排风风量为 70000 m³/h，分别由 2 台管道式静电油烟净化设备处理：BS-216Q-60KT，处理风量为 50000 m³/h；BS-216Q-32KT，处理风量为 20000 m³/h。设备后面都安装了 UV 光解除味装置。经第三方检测机构北京奥达清环境检测有限公司现场检测，烟气排放达到《餐饮业大气污染物排放标准》（DB 11/1488—2018）。主要检测数据见表 8－4。

表 8－4　北京建外 SOHO 7 号楼改造后油烟废气检测结果

	油烟浓度/（mg/m³）	非甲烷总烃浓度/（mg/m³）	颗粒物浓度/（mg/m³）
出口浓度	0.31	2.14	1.1

自油烟净化器项目改造后，油烟净化高效，净化器运行稳定，得到业主认可，周边的居民和商户都表示感受到了空气质量有明显改善。改造后净化器安装如图 8－10、图 8－11 所示。

图 8－10　1 号楼机房改造后净化器安装

图 8 - 11　7 号楼机房改造后净化器安装

8.3　家庭油烟净化技术

8.3.1　国内外家庭油烟净化技术发展概况

由于饮食文化的不同，不同国家家庭厨房烹饪产生的油烟具有不同的特点，家庭厨房所应用的油烟净化技术也不同。西方家庭烹饪用油较少，常用微波炉和烤箱，所以烹饪产生的油烟较少。西方家庭住宅的油烟净化技术早于我国，油烟过滤技术发展相对成熟，多层金属过滤网广泛应用在家用油烟净化上（图 8 - 12）。这种多层金属网材质为铝拉网，每层金属网具有菱形孔，通常为 3 ~ 5 层叠在一起，金属围框包边组装金属过滤网，过滤效率为 70% ~ 80%，其缺点是需要频繁清洗或作为耗材更换。在去除油烟 VOCs 及异味物质方面，国外最常采用的是活性炭颗粒或活性炭模块（图 8 - 13）。活性炭是目前公认的最安全、最有效的异味吸附剂，但其弊端是作为耗材需定期更换，通常更换周期为 3 ~ 6 个月。

图 8 - 12　国外油烟机多层金属油烟过滤网

图 8 - 13　国外油烟机除异味活性炭模块

我国第一台吸油烟机由中华人民共和国商务部在德国慕尼黑商品博览会上引进并由帅康集团生产，当时引进的只是技术和产品外观，没有结合中国人的烹饪方式生产吸油烟机。不同于西方国家，我国饮食油烟量大，成分也更为复杂，直接套用国外的技术是行不通的。我国吸油烟机的发展大体分为四个阶段。第一阶段是 1984 年 7 月第一台外排式家庭吸油烟机在上海桅灯厂试制成功。这是一个发展的分水岭，自此，迎来家庭吸油烟机的迅速发展。第二阶段是借鉴欧美吸油烟机的外形，20 世纪 90 年代初，我国得以成功研制深柜型（侧吸）家庭吸油烟机，其后顺应市场需求又发展成顶吸型家庭吸油烟机。第三阶段，顺应 21 世纪现代人的新审美观，以及人们对厨房格局的优化改善，为迎合市场需求，2003 年我国诞生第一台家用集成灶。第四阶段，随着我国环境保护力度不断加大，人们对健康和高品质生活的需求不断提升，2010 年前后，苏杭一带开始出现家庭油烟集中治理技术。各阶段的油烟净化技术的不同主要体现在净化方式（单机净化或集中净化）、净化功能（单烟机或烟机与烹饪组合式净化）、净化机外形（侧吸、顶吸或下吸）上的改变。

8.3.2　家庭油烟净化技术

通过 8.3.1 小节中关于我国家庭厨房油烟净化技术发展的四个阶段的内容，大体看出我国家庭吸油烟机在净化方式、净化功能、净化机外形等方面存在不同。实际上，若从核心净化主机的空间尺度、成本控制、运行维护及整机的清洁和使用寿命等维度综合上来考虑，我国家庭吸油烟机的净化技术主要包括金属油烟冷凝网过滤、高分子高效吸油网过滤、动态旋转分离油网过滤、静电吸附分离等。

8.3.2.1　金属油烟冷凝网过滤

金属油烟冷凝网过滤属于物理净化方式，其结构原理是含有几层网堆叠或金属网的过滤模块在三维方向上形成迷宫式的路径，当烹饪油烟上升碰撞滤网表面时，从滤网一端进入通风路径中，油烟颗粒物和气溶胶碰撞金属内壁遇冷凝结成液滴黏附在滤网上被收集分离，实现油烟中大部分物质的过滤，剩余极小部分不易被冷凝或侥幸逃过液滴粘附的小粒径油烟物质从滤网另一端排出。多层滤网的结构拉长了过滤路径，从而增加了油烟冷凝时间，提高可冷凝表面积，使得油烟净化更为彻底。

常用的油烟冷凝分离网（图 8 - 14）由两层金属网构成，第一层金属网结构如图 8 - 14（a）所示，截面为半圆形铝型材；第二层金属网结构如图 8 - 14（b）所示，截面为"回"形铝型材；第一层和第二层金属网交错排布，形成图 8 - 14（c）所示结构。吸油烟机外观如图 8 - 14（d）所示，冷凝分离网外安装烟机进风口。其原理如图 8 - 14（e）所示，当油烟通过分离板时，由于腔内与腔外存在较大温差，油烟和第一层铝栅条接触形成碰撞，完成第一次分离；油烟经过"S"形回旋路径再次完成分离，如图 8 - 14（e）所示。一般用此结构分离油烟的效率约为 50%，整机油脂分离度约为 92%。

（a）冷凝分离网第一层结构

（b）冷凝分离网第二层结构

（c）冷凝分离网组装模式

（d）冷凝分离网与进风口

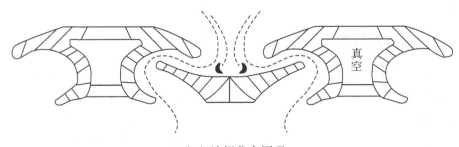

（e）油烟分离原理

图 8 - 14　油烟机冷凝分离网

注：选自开力品牌吸油烟机，型号 KL-10。

8.3.2.2 高分子高效吸油网过滤

高分子高效吸油网过滤同样属于物理净化方式，其结构原理为利用高分子材料自身吸油的特性，当烹饪油烟碰撞到吸油网时，绝大部分油烟颗粒被吸油网拦截吸附，从而实现油烟净化。

家庭吸油烟机常用的高效吸油网通常有两种结构。一种是材料带有三维孔状结构，且孔在纵向上交叉错位分布，此种材料通常通过发泡成型技术制成，常用的主要材料成分为聚氨酯（PU）（图8-15）；另一种是多层纤维材料结构，多层纤维材料层叠一起会在存在微小的缝隙，此纤维材料通常是由熔喷成型技术制成，常用的主要材料成分包括人工合成PP、PET、玻璃纤维、天然植物纤维椰棕、木棉纤维以及聚乳酸（PLA）等（图8-16）。

（a）三维孔状的PU吸油网　　　　　　（b）PU吸油网安装于进风网内

（c）PU吸油网安装吸油烟机示意

图8-15　吸油烟机PU吸油网

（a）PP吸油棉　　　　　（b）椰棕纤维吸油网　　　　　（c）玻璃纤维吸油网

图8-16　高分子吸油网

高分子吸油网置于风机前端，由于其强度比较低，通常固定于前置进风网。其油烟分离效率高，因此烹饪油烟升腾过程中首先经过高效滤网过滤，大大减少进入风机系统和烟机内部的油烟，同时大幅度降低油烟外排量，保护环境。高分子吸油网油烟分离效率在90%以上，整机油脂分离度为97%以上，其明显优势是油烟分离效率高，主要缺点为风阻相对较大。在实际应用时，需要根据整机情况对高分子吸油网的参数进行匹配，在材料孔状结构、孔径、孔隙率优化等方面选择减阻能力强的组合参数。大多数高分子式油烟分离网由于其物理特性，不能清洗，所以此类型油网大多属于耗材，根据国内家庭用户烹饪习惯和用油量，更换周期通常为3～6个月。

8.3.2.3 动态旋转分离油网过滤

目前动态旋转分离油网过滤按照驱动方式可分为两类。一类是电机驱动旋转分离网（图8-17），其主要部件包括电机、旋转分离网盘；另一类是无电机驱动旋转分离网（图8-18），其主要部件包括旋转分离网片、旋转轴承等，按照安装位置可分为风机前置和风机之中，具体结构和原理如下所述。

图8-17 电机驱动旋转分离网及整机

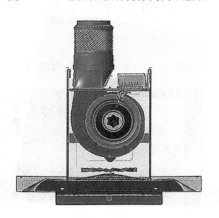

图8-18 无电机驱动旋转分离网及整机

注：选自富士帝品牌吸油烟机，型号CXW-230-CL2。

电机驱动旋转分离网的主要部件包括电机和旋转分离网盘。旋转分离网盘截面通常含有在径向方向的条纹和条形孔。电机驱动旋转分离网的具体工作原理为电机带动旋转分离网盘转动，网盘垂直于进风方向高速运动，当油烟经过高速运动的网盘时，油烟经网盘切割后再经网盘径向方向甩出而实现分离。常见的旋转分离网盘如图8－19所示，主要结构和制造方式有两种，一种是由细径钢丝绕制而成，另一种是由金属片冲孔或化学腐蚀而成。电机驱动旋转分离网通常置于风机和进风网之间，便于用户拆卸和清洗。其常见的整机结构如图8－20所示。

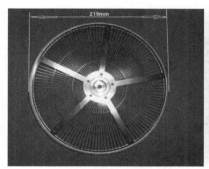

（a）钢丝绕制加工成型　　　　　（b）金属化学腐蚀加工成型

图8－19　旋转分离网盘

图8－20　电机驱动旋转分离网及整机

注：选自武汉创新环保品牌吸油烟机，型号CXW-230-JHC02。

无电机驱动旋转分离网的主要部件包含旋转分离网盘和轴承等，其结构相对于电机驱动旋转分离网盘复杂一些。参照风车转动原理，其网盘设计有旋转叶片，借用现有风机系统及动力带动其网盘旋转（图8－21）。网盘在三维空间内延伸，由模具冲压成型形成类似风车的旋转叶片，具体可以分解为旋转叶片和进风界面两部分。旋转片未开孔，进风界面开孔为油烟过滤界面，当主风机运行时产生向上的作用力且作用在网盘的旋转叶片上带动网盘旋转，网盘过滤界面由于高速旋转切割截留油烟，截留的油烟经径向方向甩出，冷凝后导入集油槽中。网盘受主风机垂直向上作用的风力转动，具体工作原理和力分解示意如图 8 – 22 所示，假设气流穿过进风口接触旋转内网时产生垂直方向力 $F_{总}$，旋转叶片与水平面的夹角为 θ；$F_{总}$ 分解为 F_1 和 F_2。F_1 为 $F_{总}$ 在旋转叶片切向方向的分力，最终穿过通孔后作用力逐渐耗散。F_2 为 $F_{总}$ 在旋转叶片垂直方向的分力，F_2 进一步分解成 F_{21} 和 F_{22}，F_{22} 为最终驱动旋转分离网转动的有效作用力；其公式为 $F_{22} = F_{总} \cos\theta\sin\theta$（当 $\theta = 45°$ 时，驱动力达到最大值）。电机驱动旋转分离网置于风机和进风网之间，便于用户拆卸和清洗。

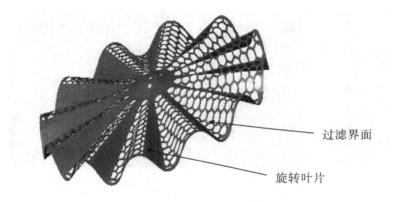

过滤界面

旋转叶片

图 8 – 21　无电机驱动动态旋转分离网盘

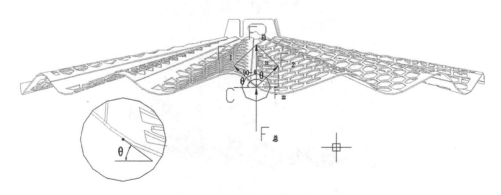

图 8 – 22　无电机驱动旋转分离网盘原理示意

　　上述旋转分离网置于风机前端，另一种旋转分离网置于风机上的风轮前端，与风轮同步旋转（图 8 – 23）。其网盘结构相对简单，因而成本较低，但置于风机之上，难于拆卸进行清洗且由于处于风机系统内部，风机进口处产生的涡流受到高速旋转网盘的作用，造成整机噪音增大。

图 8 - 23 与风轮同步旋转的旋转分离网盘

注：选自方太品牌吸油烟机，型号 CXW-358-Z1T。

旋转分离网的油烟分离效率相对较高，处于金属冷凝油网和高分子高效分离网之间。电机驱动旋转分离网分离效率最高，电机带动旋转分离网盘同步旋转，电机主动提供转动能量，当电机转速较高时，旋转分离网油烟分离效率最高可达到 80%，整机油脂分离度达到 96%。无电机驱动旋转分离网由于受主风机风量影响，其转动速度最高为 600 r/min，油烟分离效率为 60%，整机油脂分离度达到 94%。

通过增大油滴与滤网物理碰撞概率，可有效地拦截油烟废气中的细颗粒物，提高动态旋转分离网的油烟分离效率。理论和实验表明，影响动态旋转分离网油烟分离效率的主要因素包含滤网孔径、转速、重量等（表 8 - 5）：①转速越高，油烟与接触面碰撞概率越大，油脂分离效率越高且离心力大，不容易积油和堵塞；但转速越高，噪音越大。②滤网孔径越小，油烟与接触面碰撞概率越小，油脂分离效率越高；但网孔越小，风阻越大且易造成堵塞，因此孔径大于 5 mm 时堵塞风险较低。③滤网重量越小，转速越高。

表 8 - 5 动态旋转分离网油烟分离效率影响因素

影响因素	关系	负影响	优化措施
转速	正比关系	转速越高，噪音越大	旋转叶片增大面积，减轻重量
滤网孔径	反比关系	网孔越小，风阻越大，且容易堵塞	滤网孔径和开孔率在一定范围内优化
重量	反比关系	与材料和孔径相关	减轻材料重量

8.3.2.4 静电吸附分离

静电吸附油烟技术在商用餐饮中应用较为广泛。静电针对油烟小颗粒的吸附效率较高，通常静电可以吸附直径 1 μm 以上的小颗粒。不同于商业饮食油烟静电净化设备，由于家用油烟机受家庭安装空间尺寸的限制，静电模块需小型化。

静电吸附油烟技术的核心模块为高压静电模块，其主要包括高压电离区、高压收集区和直流高压电源。其中，高压电离区用于产生局部强电场，使气体电离产生正负离子；

高压收集区使电极产生均匀电场，带电粒子受力向电极板运动被吸附；直流高压电源用于产生高电压，并将其施加在高压电离电极和高压收集电极上。高压电极在施加高电压后，使得电极附近的气体放电，产生电子与正离子。电子容易被气体分子捕获形成负离子，使电极周围形成正负离子群。正负离子在空气中扩散，与空气中的颗粒物结合形成带电颗粒。在风机的作用下，带电的油烟颗粒受电场力作用而向收集电极板运动，在收集电极板上吸附聚集，从而达到静电吸附油烟效果。高压静电吸附油烟原理如图8-24所示。

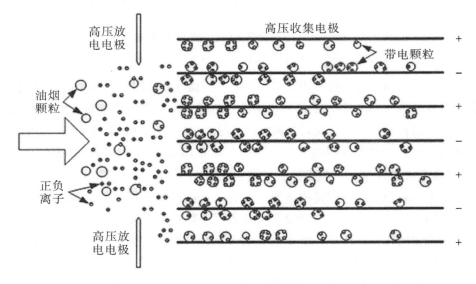

图 8-24　高压静电吸附油烟原理

典型的家庭小型静电吸附模块及带有静电吸附模块的吸油烟机示意如图8-25所示，高压静电模块置于吸油烟机滤网与风机之间。静电模块置于风机前端吸附油烟，减少进入风机系统的油烟，减少油脂在风机系统的长期积累，进而降低风机系统的空气性能以及噪声的衰减。当吸油烟机启动，油烟首先经过前端冷凝过滤分离装置（可为金属过滤网），部分大颗粒油脂被去除，然后进入高压静电模块的电离区域，针极尖端放电使周围的空气发生电离，产生正离子或负离子，正离子或负离子吸附在油烟颗粒上使油烟带电，油烟颗粒继续运动，进入收集区域，收集区域极板设置为与油烟颗粒电性相反的极性，在电场力的作用下，油烟颗粒被吸附到收集板上。油烟继续进入风机系统，经过离心作用，使得排放至室外的油烟大大减少。

（a）静电模块

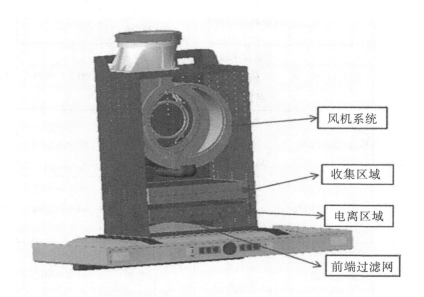

风机系统

收集区域

电离区域

前端过滤网

（b）带有静电模块的吸油烟机

图 8 - 25　静电吸附模块及带有静电模块的吸油烟机示意

　　静电吸附油烟效率较高，家庭小型静电吸附模块油烟去除效率为 80%，整机油脂分离度可达到 96%。静电吸附油烟的效率较高，但静电极板长时间吸附并积累油污需要清洗，可设计自动清洗模块或提供售后服务进行定期清洗，清洗周期通常为 6 个月。综上典型的家用油烟净化技术。家庭常用油烟净化技术见表8-6。

表8-6 家庭常用油烟净化技术

油烟净化技术	产品说明	优点	缺点	油烟分离效率	整机油脂分离度
金属油烟冷凝网过滤	外销多层金属网	风阻低 过滤效率高 成本低	易堵塞 难清洗 定期更换	75%～80%	95%～97%
	内销冷凝分离网	风阻低 易拆易洗	过滤效率低 成本较高	40%～50%	91%～93%
高分子高效吸油网过滤	多孔发泡材料吸油网	过滤效率高 成本低	风阻高 易堵塞 难清洗 定期更换	80%～90%	95%～98%
	多层复合纤维吸油网	过滤效率高 成本低 材料环保可降解	风阻高 易堵塞 难清洗 定期更换	85%～95%	96%～99%
动态旋转分离油网过滤	带有电机驱动旋转网	过滤效率较高 风阻低 易拆易洗	成本高 整机噪音增加	70%～80%	94%～97%
	无电机驱动旋转网	风阻低 成本低 易拆易洗	过滤效率较低	50%～60%	92%～95%
	与叶轮同步旋转网盘	风阻低 成本低	过滤效率较低 难拆 整机噪音增加	60%～70%	93%～96%
静电吸附分离	高压静电分离	风阻低 过滤效果高	成本高 售后维护 定期清洗	80%～90%	95%～98%

8.3.2.5 小结

目前家庭油烟机单机净技术在不断发展和进步，家庭油烟净化不仅可减少油烟外排、保护环境，同时可增加终端用户利益，其前置油烟净化模块可大幅度避免油烟进入风机系统而引起其性能降低。上述家庭油烟净化技术为目前市场上比较成熟、稳定的技术。

若需要进一步提升油烟分离效率，可叠加复合净化技术，例如，金属式冷凝过滤网和动态旋转分离网结合，高分子高效吸油网和静电吸附技术结合，金属式冷凝过滤网和高分子高效吸油网结合等，都可获得更高的油烟分离效率；甚至可以进行多重技术复合，例如金属冷凝过滤网、高分子高效吸油网和静电吸附技术三重复合，在维持一定范围的风阻参数下，其油烟分离效率可达99%及以上。由于风阻会引起整机风量减损，在产品应用复合油烟净化技术时要重点考虑净化模块风阻带来的影响，需在风阻和油烟净化效率二者之间取得平衡，以满足产品吸油烟性能；相信在不久的将来净化技术会有所突破，家用单机净化油烟机产品也会快速迭代，油烟净化模块在成本、油烟分离效率、易拆易洁性方面更具优势。

8.3.3 居民楼油烟集中处理技术

目前，居民住宅尤其是城市居民住宅，多以高层住宅为主。随着垂直城市化的推进，城市高层住宅建筑越来越多、越建越高。以2018年8月贵阳市销售住宅类型为例，高层（小高层、高层、超高层）建筑占比87%；2019年1—3月重庆主城区住宅中，高层（小高层、高层、超高层）建筑占比79.09%（图8-26）。

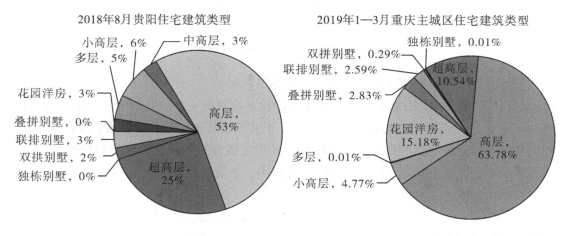

数据来源：中国地产网

图8-26 城市建筑类型举例

这些高层建筑的排烟方式也从传统的单户直排变为经由共用排气道集中排烟。共用排气道竖直串联各个楼层，每层住宅厨房的吸油烟机通过软管横向连接共用排气道（图8-27）。国家通过《建筑标准设计图集 住宅排气道（一）》（07J916-1）规定了不同楼层共用排气道的类型及尺寸。

高层住宅厨房集中排气系统是一个多动力源汇流排气系统，当多层用户油烟机同时使用时，低层的用户具有较大的管路阻力，其油烟机排气量较小；而对未开启油烟机的用户而言，则容易出现串味、油烟倒灌的问题。

图8-27　高层住宅常规集中式排油烟示意

8.3.3.1　居民楼油烟集中净化技术系统构成

居民楼油烟集中净化区别于单户排烟及净化，需要将一个公共烟道连接的所有厨房看作一个系统，主要围绕油烟的完全排出、不同楼层的排烟风量分配、油烟净化等方面，只有使整个排烟系统都得到优化、协同配合工作才能真正解决居民住宅厨房排烟问题。其技术一般构成是系统动力设计、油烟净化技术、通信与控制系统等，其工作原理如图8-28所示。

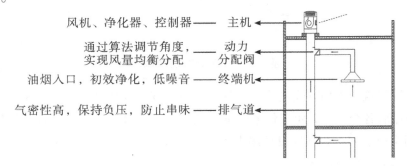

风机、净化器、控制器———— 主机

通过算法调节角度，—— 动力
实现风量均衡分配　　　 分配阀

油烟入口，初效净化，低噪音———— 终端机

气密性高，保持负压，防止串味———— 排气道

图8-28　居民楼油烟集中净化技术系统工作原理

8.3.3.2　系统动力设计

系统动力应能满足居民住宅排油烟的需求，居民住宅油烟集中治理系统根据动力形

式可分为分布式和集中式两种。其中，分布式排烟动力由终端机及屋顶通风净化设备提供，属多动力源；集中式排烟动力由屋顶净化通风设备提供，属单动力源。

系统动力应根据不同的终端机、排烟支管、防火阀结构、住宅排气道结构等因素进行设计。排烟支管应根据室内的安装高度、支管局部阻力及噪音标准进行设计，在设计排风量下，排烟支管的气流速度不宜大于 7 m/s。排气支管入口应设置单向排气止回阀。

屋顶通风净化主机的排烟风量依据楼层数以及其同时使用的户数，即终端机开机率（表 8-7），同时单户排风量以不小于 300 m³/h、不大于 500 m³/h 来计算。

表 8-7　终端机额定开机率

序号	楼层数	额定开机率
1	≤6	0.64
2	≥7 且≤20	0.45
3	≥21 且≤30	0.40
4	≥31 且≤33	0.39

通风净化主机总风量按照下式计算：

$$Q_n = q \times N\mu$$

式中：

Q_n 为通风净化主机总风量，m³/h；

q 为单户排风量，m³/h；

N 为楼层数；

μ 为终端机额定开机率。

8.3.3.3　居民楼油烟集中净化技术选型

居民住宅油烟排放浓度虽然低于商业餐饮，但住宅楼公共烟道 $PM_{2.5}$ 的排放量约占烹饪油烟 $PM_{2.5}$ 总排放量的 5%，对居民住宅油烟的净化也不可缺少。在设计油烟净化器时，要兼顾净化效率、初投资及使用成本，可选择介质过滤、静电净化等净化类型。其中，采用介质过滤时，宜依据居民楼的地区、楼层高度、屋面功能性要求等具体情况，选择过滤级别在 G4 至 H13 不等的过滤网，并设定滤材更换周期。

在 VOCs 及异味净化方面，可采用 UV 净化、催化净化及活性炭吸附等技术形式，去除污染气体中大部分的异味成分。

8.3.3.4　通信与控制系统

1. 无线组网系统

根据公共烟道的实际环境（重污染、空间狭小、不利布线），可以采用 LORA 技术、4G 技术等组建无线组网系统，并同时满足以下几点需求：

（1）无线信号能在公共烟道这个狭小空间传播且有较强穿透力，至少能满足 30 层楼房的距离要求。

（2）组网协议能支持和烟道相关的所有智能止回阀的组网，对无线信号覆盖区域内的相同设备需要有"防碰撞"机制，以此实现多阀和通风净化主机之间的连接控制，不仅可以使居民家庭吸油烟机启动信号能通过无线传输到通风净化主机，还可以让通风净化主机依据程序控制和实时开启楼层情况，调节每层厨房的阀片开启角度以及运行频率，实现风量均衡控制。

2. 远程监控系统

由于设备的特殊性（无人值守），需要设计远程监控系统，通过 GPRS 的方式把装置的运行状态实时地发送至服务器并开发 Web 接口，对该设备进行实时监控，便于及时发现问题进行维护。

通过开发专用设备管理平台，对通风净化主机上从数据采集器传输来的数据进行分析处理，并提供丰富的图表显示，满足监管组织、用户、维护单位等不同角色的数据获取需求。

8.3.4　居民楼油烟集中治理案例

随着项目开展和推进，居民楼油烟集中治理技术在全国主要城市均有示范应用。项目有多种需求，如郑州居民楼旧改项目为控制油烟及 VOCs 排放，广州及深圳项目为解决油烟排烟不畅及漏烟导致的室内油烟污染、小区环境污染等问题。

8.3.4.1　郑州居民住宅楼油烟治理改造项目过程展示及效果

本项目针对没有公共烟道、通过老式排气扇直排的老旧小区，通过集中化改造，增加金属管道将一栋楼的油烟统一收集到屋顶，再经由居民住宅楼宇油烟集中治理系统处理排出。

（1）基本情况

本次改造涉及 15 个小区，共计 2324 户居民家庭，应用了 113 套居民住宅楼宇油烟集中治理系统（表 8 - 8）。

表 8 - 8　郑州居民油烟治理改造项目范围

小区	系统数/套	户数/户
郑花路、徐寨路、花园路的四个小区	21	386
徐寨路、花园路的两个小区		
茂花路、花园路的五个小区	36	745
东三街、同乐路的两个小区	18	359
东三街的两个小区	38	834
合计	113	2324

在净化通风设计方面，前段采用初级油烟过滤器，可过滤 90% 油烟，中段采用高效静电油烟净化器，过滤油烟及颗粒物的效率为 95% 以上，最后接入含改性活性炭过滤的排烟主机，在智能动力控制系统的控制下运行。排放要求需要满足当地地地标准（DB 41/1604 - 2018）要求。郑州居民旧改净化设备构成见图 8 - 29。

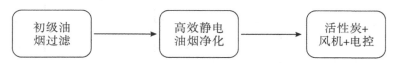

图 8 - 29　郑州居民旧改净化设备构成

烟道设计方面，垂直方向 7 户设置一个烟道，单侧 3 个烟道在屋顶"三合一"后再经过设备处理后排出（图 8 - 30）。

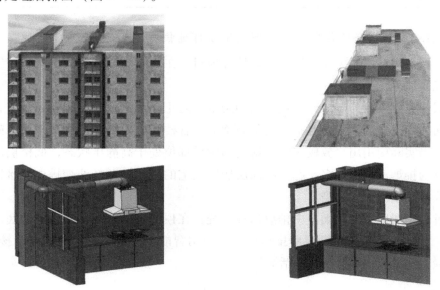

图 8 - 30　设备安装示意

（2）油烟排放监测

在项目安装后，对项目油烟排放浓度、VOCs（非甲烷总烃）排放浓度等指标，邀请具有资质的第三方检测单位开展检测。数据显示油烟排放浓度 0.3 mg/m³，低于《餐饮业油烟污染物排放标准》（DB 41/1604 - 2018）的限值（1.0 mg/m³）；油烟去除效率为 96.4%，高于标准的 95% 要求；非甲烷总烃排放浓度为 2.28 mg/m³，低于标准的限值（10 mg/m³）。具体监测数据见表 8 - 9。

表 8 - 9 油烟排放监测数据

检测位置	检测时段	油烟排放浓度（mg/m³）	油烟去除效率（%）	非甲烷总烃排放浓度（mg/m³）
进口	18：46～18：56	9.2	96.4	/
	18：58～19：08	7.5		/
	19：09～19：19	8.1		/
	均值	8.3		/
出口	18：46～18：56	0.3		2.03
	18：58～19：08	0.2		2.63
	19：09～19：19	0.3		2.17
	均值	0.3		2.28
《餐饮业油烟污染物排放标准》（DB 41/1604 - 2018）		1.0	95	10

8.3.4.2 深圳居民住宅油烟治理改造项目过程展示及效果

本项目为超高层居民住宅的排油烟处理项目，在高层及超高层居民住宅楼宇中具有较高的代表性。

高层住宅建筑因为考虑到建筑立面的美观、防止高空室外风的倒灌等因素，已普遍采用竖向集中排油烟系统，但系统的阻力增大、各楼层之间的排风量不平衡等问题也随之出现。当实际使用用户数较多时，烟道的中低部位处于高静压状态，低楼层厨房将会出现严重的排烟不畅等诸多问题。超高层居民住宅的主要问题是油烟排放困难以及在避难层排放的油烟及异味污染。

通过应用居民住宅油烟集中排放治理系统，在顶层提供动力，有效降低底部烟机运行压力，大幅度提升低楼层厨房排烟风量，采用智能算法，实时均衡分配各楼层风量，有效减少回烟串味，提升住户生活品质。

1. 基本情况

项目总楼层数为 73 层，含有 4 个避难层，总共包含 16 套居民楼油烟集中排放治理系统，涉及居民户数528户。该楼层总高73层，有效住户4～73层，将4～60层划为低区，排除避难层（第10、22、42、61层），每个烟道有效住户54户，同时使用系数0.38，采用的主机型号为100A；各开机楼层设计单户风量为500 m³/h。将62～73层划为高区，每个烟道有效住户为12户，同时使用系数0.54，采用主机型号45A。各开机楼层设计单户风量为500 m³/h。

表8-10 设计依据

序号	规范名称	标准号
1	《中央吸油烟机》	Q/HLB P1-169-2017
2	《吸油烟机》	GB/T 17713-2011
3	《住宅设计规范》	GB 50096-2011
4	《建筑通风效果测试与评价标准》	JGJ/T 309-2013
5	《住宅排气道（一）》	16J916-1
6	《住宅厨房和卫生间排烟（气）道制品》	JGT 194-2018
7	《通风与空调工程施工质量验收规范》	GB/T 50243-2016
8	《城镇燃气设计规范》	GB 50028-2006

选取通用油烟机（320 Pa，17 m³/min）作为分析对象，其性能曲线如图8-31所示。

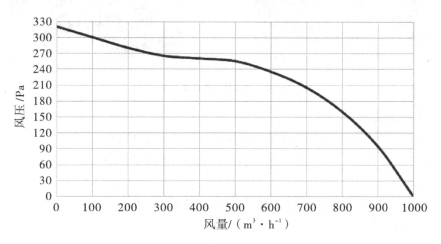

图8-31 油烟机P-Q性能曲线

将上述边界条件代入厨房模拟仿真软件（老板电器烟道仿真系统-国家级计量技术虚拟仿真实验教学中心认证），分别计算了各单元传统油烟机排烟与安装居民楼油烟集中排放治理系统的排油烟风机数据，系统数据选型如表8-11所示，设备安装情况见图8-32。

表 8 - 11　系统数据选型

技术指标	CCS – SLX – 100A
额定风量/(m³·h⁻¹)	10000
额定压头/Pa	550
噪音/dB（A）	≤78
额定电压/V	380
输入功率/kW	4.7
频率/Hz	50
净化效率/%	≥90
重量/kg	300

图 8 - 32　油烟治理设备现场安装

2. 动力分配数据

通过数据测试，在动力分配方面主要有以下结论（表 8 - 12）：

（1）本项目系统在高层/超高层居民住宅的油烟排放的动力分配效果方面达到预期，平均风量提升 36.4%。

（2）改造前，高层/超高层住宅楼中，中低楼层住户排油烟非常困难，达不到标准值，也是住户投诉较多的楼层。

（3）本项目系统对于高层/超高层住宅楼困难的低楼层住户的排油烟提升率更高，最高至 149.2%，完全解决排油烟问题。

表 8-12　排油烟风量测试数据

类别	改造前	改造后	
屋顶风帽	无动力风帽	CCS - SLX - 100A	
开机楼层	风量/(m³·h⁻¹)	风量/(m³·h⁻¹)	提升率/%
4	207.4	502.4	142.2
7	208.8	520.3	149.2
9	211.0	484.1	129.4
12	214.5	499.1	132.7
16	220.7	508.3	130.3
18	224.5	517.7	130.6
21	231.8	472.6	103.9
24	242.0	492.4	103.5
26	252.4	510.9	102.4
30	272.7	471.1	72.7
32	289.8	493.0	70.1
35	317.5	525.2	65.4
38	351.1	482.0	37.3
40	381.4	507.7	33.1
43	426.6	467.1	9.5
47	483.2	505.4	4.6
49	523.4	532.0	1.6
52	579.0	491.3	—
55	636.1	524.9	—
57	681.8	479.3	—
60	743.5	511.2	—
平均风量	366.6	499.9	36.4

8.3.4.3　小结

居民楼油烟集中排放治理系统通过项目案例的应用，对系统的油烟净化性能、动力分配性能等充分验证，效果达到设计目标。一方面，通过高效率的净化，可以有效解决室外油烟污染；另一方面，针对高层/超高层等排油烟困难的居民住宅，通过动力分配技术的应用，提升居民家庭排油烟效果，解决了油烟排不出、油烟倒灌等问题，从而解决了室内油烟污染的问题，提高了老百姓的生活幸福度，社会效益明显。

参考文献

[1] 张欢欢，杨海健，王深冬，等. 饮食油烟污染物净化技术研究进展 [J]. 现代化工，2020，40 (11)：71 – 75.

[2] 孙道永. 动态网盘式净化器净化效率研究及控制系统设计 [D]. 武汉：武汉理工大学，2009.

[3] 姚鑫，陈猛，范泽云，等. 烹饪油烟污染及其控制技术研究进展 [J]. 化学工业与工程，2015，32 (3)：53 – 58.

[4] 李亚倩，李建军，李海娇. 饮食油烟废气污染及其净化技术进展 [J]. 四川化工，2018，21 (1)：228 – 235.

[5] 赵振楠. 基于多层丝网惯性捕集原理的餐厨油烟净化过程研究 [D]. 北京：北京化工大学，2020.

[6] 张媛媛，冯勇超，于庆君，等. 饮食油烟污染物净化技术对比及前景分析 [J]. 现代化工，2021，45 (5)：49 – 53.

[7] 马洪玺，何双荣，杨座国. 油烟气催化氧化净化过程研究 [J]. 高校化学工程学报，2019，33 (1)：228 – 235.

[8] ROBAYO M D, BEAMAN B, HUGHES B, et al. Perovskite catalysts enhanced combustion on porous media [J]. Energy, 2014, 76：477 – 486.

[9] 夏扬开，何万清，白画画，等. 餐饮业大气污染物的净化技术进展研究 [C]. 中国环境科学学会科学技术年会论文集，2008：1348 – 1352.

[10] 陈晓阳，江亿. 湿度独立控制空调系统的工程实践 [J]. 暖通空调，2004，34 (11)：103 – 109.

[11] XIAO F, GE G M, NIU X F. Control performance of a dedicated outdoor air system adopting liquid desiccant dehumidification [J]. Applied Energy, 2011, 88：143 – 149.

[12] 魏玉滨，路琳，刘欣. 住宅楼公共烟道油烟细颗粒物排放现状及治理必要性 [J]. 天津科技，2019，46 (8)：5.